# 水利类专业教育模式创新与实践研究

张春财　杜　宇　著

中国商业出版社

**图书在版编目(CIP)数据**

水利类专业教育模式创新与实践研究 / 张春财，杜宇著. -- 北京 : 中国商业出版社，2024. 8. -- ISBN 978-7-5208-3108-6

Ⅰ. TV

中国国家版本馆 CIP 数据核字第 20245VM037 号

责任编辑:朱丽丽

中国商业出版社出版发行

(www.zgsycb.com　100053　北京广安门内报国寺 1 号)

总编室:010－63180647　编辑室:010－63033100

发行部:010－83120835/8286

新华书店经销

北京虎彩文化传播有限公司印刷

*

787 毫米×1092 毫米　16 开　8.5 印张　152 千字

2024 年 8 月第 1 版　2024 年 8 月第 1 次印刷

定价:45.00 元

* * * *

(如有印装质量问题可更换)

# 前　言

随着全球气候变化的加剧和水资源日益紧张，水利类专业的重要性越发凸显。作为培养水利工程技术和管理人才的重要基地，高等教育机构在水利类专业教育模式的创新与实践方面肩负着重要使命。然而，传统的水利类专业教育模式往往只注重理论知识的传授，忽视了学生实践操作和创新能力的培养，这与现代社会对水利类人才的需求明显不匹配。因此，水利类专业教育模式的创新与实践研究显得尤为重要。

本书以水利类专业课程体系的创新设计为切入点，论述了基于产学研结合的水利类专业教育模式创新与实践、基于项目驱动的水利类专业教育模式创新与实践、基于虚拟仿真的水利类专业教育模式创新与实践，并对信息技术与水利类专业教育模式的融合实践进行了深入探讨。希望通过本书的介绍，能够为读者在水利类专业教育模式创新与实践方面提供帮助。

本书主要汇集了笔者在工作、实践中取得的一些研究成果。在撰写过程中，笔者参阅了相关文献资料，在此谨向其作者深表感谢！

由于笔者水平有限，加之时间仓促，书中难免存在一些不足和疏漏，敬请广大读者批评指正。

著　者

2024 年 6 月

# 目　录

# 第一章　水利类专业课程体系的创新设计

## 第一节　水利类专业课程概述

### 一、水利类专业课程的基本结构

#### (一)基本课程模块划分

基础理论课侧重夯实学生的数理化等学科基础，培养其科学分析问题的思维能力。专业理论课则聚焦水利专业核心知识，如水文水资源、水工建筑物、水利工程管理等，帮助学生系统掌握专业知识体系。实践技能课以工程设计、现场见习、仿真实验等方式，强化学生动手操作和工程实践能力。不同模块相辅相成，共同支撑水利专业人才培养目标的实现。

在模块内容设置和安排上，要处理好通识教育与专业教育、理论教学与实践教学的关系。通识课程帮助学生形成宽广的知识视野，专业课程则带领学生进入水利专业领域；理论课程教授专业知识，实践课程强化专业技能，循序渐进、螺旋上升，促进学生水利专业知识能力的全面提升。同时，还要关注课内与课外、校内与校外实践的联动，鼓励学生参与科研项目、创新创业活动，加强产学研合作，拓展专业实践的广度和深度。

课程模块的衔接和配置应体现课程体系的整体性、系统性和逻辑性。学科基础课程是专业知识学习的前提，专业理论是实践环节的理论指导，前后课程需在知识内容上紧密衔接。核心专业课程应贯穿人才培养全过程，突出专业主线，彰显专业特色。此外，还要充分利用信息技术，推动优质教学资源共建共享，创新教学模式和学习方式，为学生个性化发展搭建平台。

建构高质量的水利类专业课程体系需要政策保障、资源配置、师资建设等多方面的支持。学校应成立专门机构，制订切实可行的课程改革方案，为课程建设提供制度保障。加大教学仪器设备、实验实训条件等硬件投入，为课程实施提供必要支撑。加强“双师型”教师队伍建设，完善教师发展培养机制，为课程持续改进提供动力。此外，还需与用人单位密切联系，及时把握水利行业发展动向，调整优化人才培养方案，确保课程体系建设的前瞻性和适应性。

### （二）课程模块间的逻辑联系

纵向来看，水利类专业课程体系通常由通识教育课程、学科基础课程、专业核心课程、实践教学环节等模块组成，呈现出由浅入深、由基础到专业的递进关系。通识教育课程重在奠定学生的人文素养和科学素养，学科基础课程则着眼于学生专业学习所需的数理化等基本知识与能力，二者共同为专业核心课程的学习打下坚实基础。专业核心课程是水利类专业教育的核心，通过系统传授水利工程规划、设计、施工与管理等方面的专业知识，培养学生解决水利领域实际问题的综合能力。实践教学环节则贯穿于学生的整个学习过程，通过实验、实习、课程设计等多种形式，强化学生将理论知识应用于实践的能力。

横向来看，水利类专业课程体系中不同学科、不同领域的课程之间也存在内在的逻辑关联。以水力学与水工建筑物为例，二者分属力学和工程学科，但在水利工程中却密不可分。水力学重在研究流体运动的基本规律，为水工建筑物的设计提供理论基础；而水工建筑物的建设又为水力学理论在实际工程中的应用提供了场域。类似地，水资源管理与水环境保护、水土保持与生态修复等看似独立的课程，实则共同服务于水利工程的可持续发展目标。只有充分认识并把握这些纷繁课程的内在联系，才能实现知识的融会贯通，形成系统完整的专业知识体系。

此外，水利类专业课程体系的构建还需兼顾知识的前沿性和实践性。一方面，课程内容应及时更新，吸收水利学科最新的研究成果和工程案例，引导学生了解学科发展动态；另一方面，课程设置应突出应用导向，紧密结合水利工程建设一线的实际需求，提高学生分析和解决实际问题的能力。唯有如此，才能培养出具备扎实理论基础、宽广专业视野、过硬实践本领的高素质水利人才。

### （三）课程与水利行业需求的对接

具体而言，要强化课程的实用性，就必须深入分析水利行业对人才知识结构和能力素质的要求，将行业急需的新知识、新技术、新方法及时纳入教学内容。例如，随着生态文明建设的不断推进，水利工程建设越来越注重生态环境保护，因此在水工程设计与施工课程中，就应该增加生态水利、海绵城市等方面的内容，引导学生树立“绿水青山就是金山银山”的理念，掌握水利工程生态化设计与建设的基本原理和方法。又如，在大数据、云计算、人工智能等现代信息技术快速发展的背景下，水利行业数字化转型成为大势所趋。为此，水利信息化、智慧水利等相关内容理应成为水利类专业课程的重要组成部分，使学生及早熟悉水利信息化发展现状，了解大数据在水文预报、水资源调度等领域的应用前景，从而培养其数字化思维和信息化应用能力。

与此同时，强化课程的前瞻性还要求我们必须放眼水利行业未来发展趋势，前瞻性地设置和更新教学内容。当前，水资源短缺、水生态退化、极端气候事件频发等问题日益凸显，推动着水利行业从传统的工程型向生态型、智慧型、融合型转变。这就要求水利类专业课程要加强对可持续发展、水生态治理、智慧水利等前沿理念和关键技术的探讨，为学生提供必要的学习资源和实践平台，使其能够在未来的工作实践中贡献自己的智慧和力量。例如，在水资源管理与保护课程中，可以引入水资源可持续利用、水权水市场等方面的前沿内容，帮助学生了解国内外先进的水资源管理模式和实践经验，掌握水资源优化配置的理论方法，为其今后参与流域水资源综合规划与管理奠定基础。

为了进一步提升课程的实用性和前瞻性，教学中还应注重校企合作、产教融合，积极探索“引企入教”的协同育人机制。一方面，可以聘请水利行业专家担任兼职教师，开设系列讲座或专题课程，及时传授行业最新发展动态和实践经验；另一方面，还可以与水利企事业单位共建实习实训基地，让学生“走出去”，接受工程实践的洗礼，在实践中强化专业技能，提升创新创业能力。

## 二、水利类专业课程的核心内容

### （一）水力学基础与应用

水力学是研究流体静力学和动力学规律的科学，是水利工程的理论基础。

深入理解并灵活运用水力学基本原理，是提高水利工程质量和效益的重要前提。在设计水工建筑物时，工程师需要运用水力学知识分析物体结构的受力情况，计算建筑物的抗力和稳定性，确保其安全可靠。同时，水力学原理还指导着水工建筑物的优化设计，如采用流线型断面减小阻力，利用跌流消能等，以提高水工建筑物的经济性和实用性。

此外，水力学在水资源管理领域也发挥着不可替代的作用。运用水力学原理分析江河湖海的水流运动规律，是制定水资源配置方案的重要依据。通过建立数学模型模拟水流过程，可以预测洪水演进趋势，指导防洪减灾工作。利用水力学知识优化调度水库、泵站等水利设施，能够实现水资源的优化配置，提高水资源利用效率。

从中长期水利发展规划的角度来看，深化水力学基础研究，拓展其在水利工程中的应用空间，对于支撑水利事业的可持续发展具有重要战略意义。当前，面对新时期水资源日益紧缺、生态环境不断恶化的严峻形势，迫切需要创新水利工程技术，走生态水利、节水型社会的可持续发展道路。这一切都有赖于水力学研究的不断深入，需要广大水利科技工作者肩负起历史使命，在水力学的基础研究和应用领域取得新的突破。

### （二）水资源管理与保护

水资源管理的核心是协调人与自然的关系，在满足人类用水需求的同时，维护水生态系统的健康。这需要我们转变传统的用水观念，树立节水意识，提高用水效率。在农业生产中，可以推广节水灌溉技术，如滴灌、喷灌等，以减少水资源浪费。在工业生产中，要加强水的循环利用，提高水的重复利用率。在城市建设中，要推广节水器具，提倡节水型生活方式。同时，还要加强水资源的统筹管理，科学制定水资源配置方案，优化水资源利用结构，保障生产生活用水和生态用水。

水资源保护是实现水资源可持续利用的前提。我们要加强水污染防治，严格控制工业废水、生活污水的排放，提高水环境质量。要加强饮用水源地保护，防止水源污染，保障饮水安全。也要加强江河湖泊的生态修复，恢复其水生态系统功能，维护生物多样性。还要加强水土流失治理，减少水土流失对水资源的影响。此外，还要加强法治建设，完善水资源管理法律法规，加大执法力度，为水资源保护提供法律保障。

水资源管理与保护是一项系统工程，需要政府、企业、公众等多方参与。政府要加强水资源管理的顶层设计，完善水资源管理体制机制，加大水资源保护投入。企业要履行社会责任，节约用水，减少污染排放。公众要增强节水意识，养成节水习惯，自觉保护水环境。只有多方协同发力，形成合力，才能实现水资源的可持续利用。

### （三）水工程设计与建设

在水工程设计阶段，学生需要学习如何根据工程所在区域的水文、地质、地形等自然条件，结合社会经济发展需求，优化确定工程规模、布局和主要参数。这一过程涉及大量的数据分析和方案比选，要求学生具备缜密的逻辑思维和决策判断能力。同时，水工程设计还必须符合国家相关法律法规和技术标准，这就要求学生熟悉水利工程建设的政策环境，了解行业发展动向。

水工程施工是将设计方案付诸实践的关键环节。施工过程涉及诸多复杂的技术问题，如基坑开挖与支护、混凝土浇筑、金属结构安装等，对施工人员的专业素质和管理水平提出了很高要求。作为未来的水利工程师，学生必须深入了解各种施工工艺和质量控制要点，掌握先进的施工设备和信息化管理手段，具备组织协调复杂工程的能力。此外，水工程施工还必须高度重视安全文明生产和生态环境保护，这就要求学生树立“安全第一、预防为主、综合治理”的安全生产理念，养成规范操作的良好习惯。

水工程设计与建设是一门内容丰富、涉及面广的综合性学科。它不仅为学生提供了将所学知识应用于实践的平台，更是培养学生工程实践能力和职业素养的重要途径。通过系统学习水工程设计与建设的课程内容，学生能够建立起完整的专业知识体系，掌握规划设计和组织施工的基本方法，并逐步形成“质量第一、安全至上”的职业操守。这些宝贵的学习经历将为学生成长为优秀的水利工程师奠定坚实基础。

## 三、水利类专业课程的教学目标

### （一）知识目标

教师应采取多种教学方式，帮助学生构建完整的水利学知识体系。课堂讲授是传授基本理论的主要方式，教师应重点讲解水利学的基本概念、基本原理和典型案例，引导学生掌握知识要点。同时，还要充分利用多媒体教学手段，通过图片、视频、动画等形式直观展示水利工程的结构和工作原理，加深学生的理解和记忆。

除课堂教学之外，教师还应精心设计课后作业和实践环节，引导学生主动运用所学理论分析现实问题。例如，有条件的话可以布置调研报告任务，要求学生实地考察水利工程项目，了解其设计理念、建设过程、管理模式等，并运用课堂所学知识进行分析研讨。这不仅能够帮助学生巩固理论知识，还能提高其分析问题、解决问题的能力。

此外，鼓励学生广泛阅读水利学的专业文献和前沿动态，也是拓宽理论视野的重要途径。教师可以定期举办文献研读班，组织学生研读国内外优秀的水利学术论文，跟踪学科前沿动态。这不仅能开阔学生眼界，还能培养其独立思考、批判质疑的科学精神。

### （二）能力目标

从知识理解到工程实践，需要一个循序渐进的过程。教师应该根据水利类专业课程的特点，精心设计教学内容和教学活动，引导学生将理论知识内化为解决实际问题的能力。例如，在讲授水力学知识时，教师不仅要向学生传授基本概念和计算公式，更要通过实际案例分析，帮助学生理解水流运动规律在实际工程中的应用。在讲授水工建筑物设计时，教师可以组织学生开展小组设计项目，引导其运用所学知识完成实际工程的设计任务。通过这些实践性教学活动，学生能够深化对理论知识的理解，提升自身分析问题、解决问题的能力。

工程实践能力的培养还需要加强校企合作，为学生提供更多接触实际工程的机会。学校应积极与水利企业建立长期稳定的合作关系，通过联合培养、实习实训等方式，让学生深入工程一线，参与实际项目的规划、设计、施工等环节。在真实的工程情境中，学生能够全面了解水利工程的运作流程，体验工程师的职业角色，锻炼解决实际问题的综合能力。同时，企业工程师也可以作为兼职教师参与到教学过程中，传授宝贵的实践经验，弥补校内教师实践经验的不足。校企双方优势互补，共同促进学生工程实践能力的提升。

此外，教师还应重视学生创新意识和创新能力的培养。水利工程领域的发展日新月异，传统的工程理念和技术手段已经难以完全适应新时代的需求。因此，在制定能力培养目标时，教师应鼓励学生打破常规思维，勇于创新，培养其发现问题、提出问题、创造性解决问题的能力。例如，教师可以设置开放性的研究性学习任务，鼓励学生探索水利领域的前沿问题，提出自己的解决方案。又如，教师可以引导学生关注水利工程实践中存在的困难和痛点，启发其运用新技术、新方法破解难题。通过这些教学实践，学生的创新意识和创新能力将得到有效激发和培养。

### （三）态度目标

在知识层面，教师应引导学生深入理解职业道德和可持续发展的内涵。职业道德是指从业人员应遵循的行为规范和价值准则，包括爱岗敬业、诚实守信、办事公道等。教师可以介绍水利行业的职业道德规范，引导学生思考其现实意义。同时，教师还应阐释可持续发展理念，即在满足当代人需求的同时，不对后代人满足其需求的能力构成危害。结合水利工程案例，教师可以引导学生反思工程建设对环境、社会、经济的长远影响，树立可持续发展意识。

在能力层面，教师应创设情境，锻炼学生运用职业道德原则和可持续发展理念分析问题的能力。例如，在讲授水利工程设计时，教师可以设置涉及生态保护、移民安置等现实案例，要求学生从道德和可持续发展的视角提出解决方案。又如，在组织实习实践时，教师可以引导学生评估工程对周边环境、资源的影响，提出优化建议。通过理论联系实际，学生的职业道德决策能力和可持续发展胜任力将得到切实提升。

在情感态度层面，教师应成为职业道德和可持续发展理念的践行者，以身作则感染学生。教师应以高度的责任心投入教学，严格要求学生，塑造良好的学风。同时，教师还应关注社会热点，引导学生正确看待水利行业面临的道德争议和可持续发展困境，培养其理性思考、明辨是非的能力。此外，教师还可以邀请优秀校友开办讲座，分享其职业生涯中坚守职业操守、践行可持续发展的经验和感悟，激发学生的榜样力量。

## 第二节　水利类课程内容的创新设计

### 一、水利工程基础课程内容的更新

#### （一）调整课程结构

具体而言，在基础课程设置上，应遵循“宽口径、厚基础、重能力、求创新”的原则，精选课程内容，突出学科基础知识和专业基本理论，为后续专业课程学习奠定坚实基础。同时，要注重基础课程与专业课程、理论教学与实践教学的有机衔接，避免内容重复和脱节现象的发生。

在实践教学方面，应从实验、实训、实习、毕业设计等环节入手，构建贯穿人才培养全过程的实践教学体系。实验教学要突出综合性和设计性，强化学生的动手能力；实训教学要与行业需求紧密结合，提升学生的职业技能；实习环节要加强与企业的合作，拓宽学生的工程实践视野；毕业设计要选择具有一定工程背景的课题，锻炼学生运用所学知识解决实际问题的能力。

此外，在优化基础课程与实践教学比例的过程中，还应注重课程思政元素的有机融入。将社会主义核心价值观、工程伦理、法律法规等内容适时渗透到课程教学中，引导学生树立正确的世界观、人生观、价值观，增强社会责任感和使命担当意识。

### （二）优化教学内容

教学内容应与水利行业发展保持同步，这一理念要求教师要深入了解行业动态，准确把握水利事业的发展趋势。只有对行业现状和未来有充分认识，才能系统梳理教学内容，突出与行业发展密切相关的知识点。例如，随着现代信息技术在水利领域的广泛应用，教学内容应及时融入大数据、云计算、人工智能等前沿技术元素，引导学生掌握行业发展所需的新知识、新技能。

同时，教学内容还应注重理论与实践的结合，加强产教融合、校企合作。通过引入水利企业的真实项目案例，学生能够直观感知行业发展的最新动向，了解岗位需求，提升解决实际问题的能力。建立产学研一体化的人才培养模式，有利于实现教学内容与行业需求的无缝对接。

此外，教学内容的更新还要立足于水利事业的战略需求，服务国家重大工程建设。当前，我国正在实施一系列水利重点工程，如南水北调、黄河流域生态保护等。这些工程对水利人才提出了更高要求，教学内容应及时跟进，教师要重点培养学生规划设计、工程管理、生态修复等方面的能力，为重大工程建设输送优秀人才。

### （三）更新教学资源

对水利工程基础课程教学资源进行系统梳理和优化配置，是实现教学内容与行业发展同步的基础。教师应深入研究水利行业的前沿动态，及时将最新的科研成果、工程案例引入教学，用以丰富和更新教学内容。同时，教师还应根据课程特点和教学目标，合理选择和整合各类教学资源，构建起系统完整、逻辑严密的知识体系。这不仅有利于学生深入理解水利工程的基本原理和方法，更能激发其探索未知、勇于创新的热情。

将前沿技术与教学内容深度融合，是提升水利工程基础课程教学质量的有效途径。当前，大数据、云计算、人工智能等新兴技术在水利行业得到了广泛应用，极大地推动了水利工程的数字化、智能化发展。将这些前沿技术引入课堂教学，不仅能够拓宽学生的知识视野，更能培养其利用新技术解决实际问题的能力。例如，教师可以利用大数据分析技术，引导学生对水文、水资源等海量数据进行挖掘和分析，发现其中蕴含的规律和价值；又如，教师可以运用虚拟仿真技术，让学生在模拟环境中进行水工建筑物的设计和施工，提高其工程实践能力。

案例教学是水利工程基础课程教学改革的重要抓手。教学中引入经典工程案例，能够帮助学生将理论知识与实践应用相结合，加深对专业知识的理解和掌握。同时，优秀案例所蕴含的创新思想和先进理念，也能够潜移默化地影响学生，培养其严谨务实、开拓创新的职业素养。在教学中，教师应精心遴选国内外优秀水利工程案例，如南水北调、三峡工程等，引导学生多角度、全方位地分析工程背景、技术方案、管理模式等，学习借鉴其中的成功经验。有条件的话，教师还可以鼓励学生走出校园，深入工程一线，了解水利工程建设的最新进展，积累实践经验。

## 二、水资源管理课程的模块化设计

### （一）模块化教学理念介绍

模块化教学是一种灵活、高效的教学组织形式，它将课程内容划分为若干独立但又相互关联的教学单元，每个单元都有明确的教学目标、内容和活动。通过模块化设计，教师可以根据学生的需求和特点，有针对性地选择和组合教学模块，实现教学内容的个性化定制。

在水资源管理课程中引入模块化教学理念，可以显著提升课程的适应性和灵活性。传统的水资源管理课程往往采用线性的教学模式，教学内容按照固定的顺序依次展开，学生被动地接受知识灌输。这种“一刀切”的教学方式难以满足不同学生的学习需求，忽视了学生在认知水平、学习风格等方面的差异。而模块化教学则强调以学生为中心，根据学生的特点和需求来设计教学单元。例如，教师可以针对不同专业背景的学生，开发不同侧重点的教学模块；针对学有余力的学生，提供深度拓展模块；针对学习有困难的学生，提供补救性模块。这种个性化的教学设计能够最大限度地调动学生学习的主动性和积极性，实现因材施教、教学相长。

模块化教学还能够增强水资源管理课程的实践性和应用性。传统的课程设计往往重理论，轻实践，学生学习的知识与现实问题脱节，难以满足水利行业的实际需求。而在模块化教学中，教师可以针对水资源管理的不同领域和问题，开发一系列实践性模块，如水资源调查与评价模块、水资源配置与调度模块、水资源保护与管理模块等。在这些模块中，教师可以引入大量的案例分析、实地考察、模拟演练等实践性教学活动，帮助学生将理论知识与实际问题相结合，提高分析问题、解决问题的能力。同时，教师还可以邀请业界专家参与模块化教学，让学生近距离接触水利行业的前沿动态和发展趋势，开阔学生的专业视野。

引入模块化教学理念还有利于促进水资源管理课程的持续更新和优化。在知识经济时代，水资源管理领域的新理论、新技术层出不穷，课程内容必须与时俱进，方能适应社会发展需求。传统的课程教学内容往往相对固定，更新周期长，难以快速适应行业发展变化。而模块化教学则具有较强的可更新、可拓展性。教师可以根据学科发展动态，及时调整和充实教学模块，引入前沿的理论知识和实践案例。同时，模块化教学也为课程资源的积累和沉淀提供了便利。优秀的教学模块可以不断完善和丰富，逐步形成系统化、专题化的教学资源库，为课程的长期建设和发展提供支撑。

### (二)关键模块构建

#### 1.基础理论模块

基础理论模块主要涵盖水文学、水力学、水资源规划与管理等学科的基本概念、原理和理论，能够帮助学生构建起扎实的学科知识体系。这一模块的内容设计要注重系统性和逻辑性，引导学生循序渐进地掌握水资源管理的理论基础。

#### 2.技术方法模块

技术方法模块则侧重于传授水资源管理的各种技术手段和分析方法，如水文分析、水资源评价、防洪规划、水资源配置等。这一模块要突出理论联系实际，选取典型的技术方法进行重点讲解，并通过实例演示加深学生对专业知识的理解和掌握。同时，还要介绍水资源管理技术方法的最新进展，使学生了解学科前沿动态。

#### 3.案例分析模块

案例分析模块以经典案例为载体，引导学生运用所学知识分析解决实际问题。教师要精心挑选国内外具有代表性的水资源管理案例，如流域综合规划、水资源配置、防洪抗旱等，组织学生进行深入讨论和交流。通过案例分析，学生不仅能够加深对理论知识的理解，还能提升分析问题、解决问题的能力，培养严谨求实的科学态度和创新意识。

4.实践应用模块

实践应用模块则着眼于培养学生的动手能力和创新能力，通过设计性实验、社会实践等方式，引导学生将所学知识运用到实际工程中。这一模块可以与校内外企业合作，为学生提供参与水资源管理项目的机会，使其在实践中强化专业技能，积累工程经验。同时，实践应用模块还要重视学生创新能力的培养，鼓励其探索水资源管理的新思路、新方法。

### （三）教学模块的整合

模块化教学的关键在于实现各模块之间的有机衔接和整合。首先，教师要明确每个模块的教学目标和内容，确保其与课程整体目标相一致、相互支撑。其次，要合理设计模块之间的逻辑关系和学习路径，使学生能够循序渐进地掌握知识和技能，形成完整的知识体系。再次，要充分利用各种教学资源和手段，如案例分析、实践项目、在线课程等，创设真实的问题情境，引导学生主动探究、协作交流，加深对知识的理解和运用。最后，要建立科学的评价机制，综合考查学生在不同模块学习中的表现，全面评估其知识、能力、情感等多维度的发展状况。

以水资源规划与管理模块为例，教师可以将其细分为水资源调查与评价、水资源配置、水资源保护、水资源管理政策等子模块。在教学中，首先教师要帮助学生厘清各子模块的内在联系，如水资源调查评价是进行水资源配置的基础，水资源保护是实现水资源可持续利用的重要手段。在此基础上，教师可以设计一系列由简单到复杂、由理论到实践的学习任务，引导学生逐步深入理解和掌握相关知识。例如，教师可以提供一个流域的基本信息，让学生查阅资料、收集数据，评估流域水资源的数量和质量状况；其次教师可以要求学生针对该流域设计供水方案、制定节水措施，并通过情景模拟、方案比选等方式优化决策；最后教师还可以组织学生开展实地调研，了解流域水资源管理的现状和挑战，提出改进对策。通过参与类似由浅入深、循序渐进的系列学习任务，学生不仅能够深刻理解水资源管理的基本原理和方法，还能锻炼发现问题、分析问题、解决问题的实践能力。

模块化教学要求教师树立“教学设计者”和“学习引导者”的角色意识。一方面，教师要精心设计每个模块的教学内容、教学活动和评价方式，使其成为学生进行自主学习、自我建构的助推器；另一方面，教师又要时刻关注学生的学习进程和思维状态，适时提供必要的指导和帮助，促进学生持续进步、不断突破。在此过程中，教师与学生、学生与学生之间还可以形成多向互动的学习共同体，在平等交流、资源共享中共同成长。

## 三、水利信息技术课程的前沿内容引入

### （一）新技术的选取

1. 考虑新技术与水利行业的契合度

新技术固然令人眼花缭乱，但并非所有技术都适用于水利领域。教师应深入了解水利工程建设、水资源管理等方面的实际需求，筛选出能够解决行业现实问题、提高工作效率的关键技术。例如，物联网技术可用于水利工程的实时监测和远程控制，大数据分析技术可用于洪水预警和水资源优化调度，人工智能技术则在水利工程设计和决策支持方面大有可为。只有紧密结合行业需求，才能选出真正有价值、有意义的新技术。

2. 评估新技术的成熟度和可教学性

一项新技术从出现到成熟应用往往需要较长时间，而教学内容的更新周期相对较短。为避免教学内容与技术发展脱节，教师在选取新技术时应对其成熟度进行充分评估，优先选择已经得到广泛应用、具有成熟解决方案的技术。同时，还要考虑技术的可教学性，即是否适合在课堂环境中讲授和实践。一些前沿技术可能涉及复杂的数学模型或编程语言，超出了学生的知识基础和接受能力，不利于教学的开展。因此，教师应结合学生的实际水平，选取难度适中、易于理解和操作的新技术。

3. 权衡新技术的引入成本和收益

任何新技术的引入都需要一定的时间、精力和资源投入，包括教师的学习和

备课时间、实验环节所需软硬件设施等。这些投入是否物有所值,取决于新技术能够带来的教学收益。对于那些能够显著提升教学质量、激发学生学习兴趣的新技术,即使引入成本较高,也是值得的。反之,对于收益有限的新技术,则应谨慎引入。在做出决策时,教师应全面评估新技术的引入成本和预期收益,力求做到投入产出最优化。

4.注重新技术与传统内容的有机融合

前沿技术的引入并非彻底颠覆传统教学内容,而是在继承的基础上实现创新发展。水利信息技术课程中许多传统内容,如数据库原理、地理信息系统等,为学习和应用新技术提供了必要的基础。因此,在引入新技术的同时,教师还应注重新技术与传统内容的衔接和融合,通过课程整体设计将二者有机结合,形成连贯、系统的知识架构。只有在传承中创新、在创新中发展,才能不断地增强课程的科学性、先进性和适用性。

### (二)教学资源的开发

水利信息技术课程教学资源开发应紧密结合水利行业发展趋势和人才培养需求。一方面,要及时将云计算、大数据、人工智能、物联网等前沿技术引入课程教学,开发反映行业最新技术应用的案例和项目资源。通过分析国内外典型水利工程的信息化应用实践,引导学生了解水利信息技术的发展动态和应用前景,激发其学习兴趣和专业认同感。另一方面,要注重开发能够培养学生实践能力和创新意识的教学资源。如可以设计基于真实工程场景的实训项目,引导学生运用所学知识解决实际问题;也可以开发开放性的设计性实验,鼓励学生探索新技术在水利工程中的创新应用。

开发高质量的水利信息技术课程教学资源,需要建立产学研协同创新机制。高校应加强与水利行业企业、科研院所的合作,共同开发满足行业需求、突出应用导向的教学资源。例如,可以联合行业专家录制微课视频,分享前沿技术动态和工程实践经验;也可以与企业合作开发虚拟仿真实验项目,让学生在模拟环境中掌握软硬件操作技能;还可以引入企业真实项目案例,指导学生开展项目驱动式学习。同时,教师还应积极参与水利信息化相关科研项目,将最新研究成果转化为教学资源,实现科研与教学的良性互动。

此外,水利信息技术课程教学资源的开发还应体现信息化、智能化的特点。学校应充分利用网络教学平台,开发适合学生自主学习的数字化资源,如在线课程、微课、动画、虚拟仿真等。借助大数据分析技术，全面采集学生学习行为数据，精准推送个性化学习资源。运用人工智能技术，开发智能化教学助手，为学生提供自适应学习支持服务。通过构建泛在化、智能化、个性化的数字教学环境，促进学生的深度学习和创新能力培养。

### （三）教学方法的创新

交互式教学强调教师与学生、学生与学生之间的双向交流和互动。在教学过程中，教师不再是高高在上的权威，而是学生学习的引导者和协助者。教师通过设置问题情境、组织讨论辩论等方式，引导学生积极思考，表达自己的观点。在这一过程中，学生的批判性思维和表达能力能得到锻炼，师生之间也能建立起平等、友好的关系。同时，学生通过与同伴的交流碰撞，可以广泛汲取对方的智慧，扩展自己的思路，加深对知识的理解。

项目驱动教学则强调以真实的工程项目为载体，引导学生将理论知识应用到实践中。教师精心设计教学项目，让学生通过完成项目任务来掌握相关知识和技能。例如，在学习水利信息系统开发时，教师可以设计一个水库管理系统的开发项目，要求学生运用所学知识，完成需求分析、系统设计、编程实现等环节。在项目实践中，学生不仅能巩固理论知识，还能培养团队协作、项目管理等综合能力，为未来的工作奠定基础。

此外，交互式和项目驱动教学还有利于实现教学内容与技术前沿的有效对接。水利信息技术是一个快速发展的领域，新理论、新技术层出不穷。传统教学模式难以跟上这一发展步伐，容易导致教学内容滞后于实践需求。而交互式教学为教师引入前沿技术提供了便利，教师可以通过讨论、演示等方式，让学生及时了解学科前沿动态。项目驱动教学则可以将前沿技术直接纳入教学项目，让学生在实践中学习掌握新技术，提高其职业竞争力。

## 四、水环境保护课程的跨学科整合

### （一）跨学科整合的目标与意义

在水环境保护领域，跨学科整合主要体现在自然科学与社会科学的交叉。一方面，水环境问题的产生和演变受到自然地理条件、水文过程等自然因素的影响，需要借助地理学、生态学、环境科学等学科的理论和方法进行分析。另一方面，人类活动特别是经济社会发展模式是导致水环境恶化的重要原因，因此还需要经济学、社会学、管理学等学科的视角和智慧。只有将这两大领域的知识有机结合，才能准确地把握水环境问题的成因，提出切实可行的治理对策。

跨学科整合不仅有助于拓宽水环境保护的理论视野，也能够促进实践层面的创新。传统的末端治理模式已经难以适应新形势下的水环境管理需求，必须转向源头控制、过程优化、系统调控的现代化管理模式。这就需要生态学、环境工程学、信息科学、管理科学等多学科的协同创新，优化产业布局、改进生产工艺、建立智慧监管平台，最终实现水资源开发利用与生态环境保护的平衡。

此外，跨学科整合还有利于培养全面的水环境保护意识。水环境问题不仅关乎自然生态系统的健康，更关系到人类社会的可持续发展。只有树立“山水林田湖草是一个生命共同体”的系统观念，正确认识人与自然、经济与环境的辩证关系，才能形成尊重自然、顺应自然的生态文明理念。而这种观念的形成，既需要自然科学的启蒙，也离不开人文社会学科的熏陶。通过跨学科的综合教育，可以帮助公众形成全面、均衡的生态价值观，自觉践行绿色发展方式和生活方式。

### （二）核心课程的跨学科内容整合

从环境科学的视角来看，水环境保护课程应着重阐释水污染的成因、危害及其生态环境效应。通过分析典型水污染事件的成因，引导学生认识到人类活动与水环境之间的复杂关系，理解水环境保护的必要性和紧迫性。同时，课程还应系统介绍水环境监测与评价的基本原理和方法，使学生掌握科学分析水环境质量状况的工具，为后续污染防治措施的制定奠定基础。

在工程技术层面，水环境保护课程需重点讲授水污染控制与治理的关键技术。学生应深入了解各类污水处理工艺的原理、设计和运行管理，掌握面源污染控制、流域水环境综合整治等领域的先进技术和管理措施。课程还应注重培养学生的工程实践能力，通过案例教学、现场参观等方式，帮助学生将理论知识与实际应用相结合，提高其分析和解决水环境问题的能力。

更为重要的是，水环境保护课程的跨学科整合需在环境科学与工程技术之间建立起有机联系。教师应引导学生运用环境科学原理，分析工程技术方案的可行性和局限性；同时，又要鼓励学生从工程实践中提炼科学问题，深化对水环境机理的认识。这种学科间的交叉与融合，有助于学生建构系统的水环境保护知识体系，培养其多角度思考问题的能力。

此外，水环境保护课程的跨学科整合还应体现在与其他相关学科的衔接上。例如，课程可适当涉及水资源管理、水利工程、生态学、环境经济学等领域的相关知识，使学生认识到水环境保护与社会、经济、生态等因素之间的复杂互动，培养其全局思维和协同解决问题的意识。

### （三）整合后课程的教学策略

为了增强课程的互动性，教师应积极探索多元化的教学方式，打破传统的“满堂灌”模式。在教学过程中，教师可以采用启发式提问、小组讨论、案例分析等方法，鼓励学生积极思考、主动发言，引导其进行深入的探究和交流。同时，教师还可以利用现代信息技术手段，如在线讨论平台、虚拟仿真实验等，为学生提供更加便捷、灵活的互动渠道。通过这些方式，学生不仅能够加深对知识的理解和掌握，更能够在与他人的交流中碰撞出思想火花，拓宽思维视野。

在提升课程实用性方面，教师应着力加强理论与实践的联系，引导学生将所学知识运用到实际问题的分析和解决中。一方面，教师可以精心设计一些贴近实际、具有挑战性的项目或任务，如水环境治理方案设计、污染物监测与评估等，要求学生运用跨学科知识进行综合分析和解决。另一方面，教师还可以组织学生到相关企业、科研机构进行实地考察或实习，让其亲身体验水环境保护的实际工作流程，了解相关技术和设备的应用。通过理论与实践的紧密结合，学生能够真正领会水环境保护的意义和价值，提高运用知识解决实际问题的能力。

此外，完善的考核评价制度也是提高课程互动性和实用性的重要保障。教师应突破传统的期末考试模式，建立过程性评价与终结性评价相结合的多元化考核体系。在过程性评价中，教师可以重点考查学生的课堂表现、小组讨论、项目完成等情况，全面评估其知识掌握、能力提升和情感态度等方面的表现。在终结性评价中，教师可以采用开放性试题、案例分析、论文撰写等方式，考查学生综合运用知识分析和解决问题的能力。完善的考核评价制度能够引导学生全身心投入学习中，调动其参与互动、应用知识的积极性。

# 第三节　水利类课程评价体系的构建

## 一、水利类课程评价指标体系的设计

### （一）制定评价指标的原则

1. 目标导向原则

水利类课程的评价指标应紧紧围绕课程目标而设计，充分反映课程的知识、能力、素质等方面的培养要求。只有建立在明确教学目标基础上的评价指标，才能真正起到引导教学、促进学生发展的作用。同时，评价指标还应具有前瞻性，既要考虑当前水利行业的实际需求，又要关注水利科技发展的前沿动态，引导学生掌握未来工作所需的关键能力。

2. 全面性原则

水利工程是一项复杂的系统工程，涉及勘测设计、施工管理、运行维护等环节，对从业人员的综合素质提出了较高要求。因此，水利类课程的评价指标应全面涵盖专业知识、工程实践、创新意识、团队协作、职业道德等，既要重视学生知识技能的提升，也要关注其价值观念、人文情怀的培育，促进学生德智体美劳全面发展。

制定评价指标还应充分考虑利益相关方的意见。水利类课程的利益相关方包括高校教师、行业专家、用人单位、学生等，他们对人才培养有着不同的期望和要求。在制定指标时，应广泛听取各方意见，兼顾社会需求和学生发展，在凝聚共识的基础上形成科学合理的评价方案。同时，还应建立动态调整机制，根据教学实践和外部环境的变化，适时修订完善评价指标。

3. 可测性原则和可比性原则

所谓可测性，是指评价指标必须具体、明确，能够通过一定的测评手段获得客观真实的数据。笼统、抽象的指标不仅难以操作，也无法真实反映教学效果。同时，评价指标还应具有可比性，既要有利于对不同学生之间的横向比较，也要有利于学生个人学习过程的纵向比较，从而全面、动态地呈现学生的发展变化。

4. 导向性原则和激励性原则

科学合理的评价指标不仅是考查学习效果的"指挥棒"，更是引导教学改革、激励学生发展的"助推器"。一方面，评价指标应该树立正确的价值导向，将水利人才培养的关键要素纳入评价范畴，引导教师优化教学内容、改进教学方法；另一方面，评价指标应设置合理的难度梯度，既要科学区分学生的学习表现，又要激励不同层次的学生努力进取、持续进步。

### （二）评价指标体系的主要组成

1. 知识

知识维度的评价指标主要关注学生对水利学科基本概念、原理、方法的掌握程度。这不仅包括课堂讲授的理论知识，还应涵盖与水利工程实践密切相关的应用技术。评价过程中，教师可以通过课堂提问、知识测验等方式，考查学生对关键知识点的理解和记忆。同时，还应重视学生运用所学知识分析、解决实际问题的能力，这需要教师将知识评价与实践应用相结合，引导学生将理论与实践相互印证、相互促进。

2. 技能

技能维度的评价指标侧重评估学生在水利工程设计、施工、管理等方面的实践操作能力。水利工程项目往往涉及勘测、规划、设计、施工、运行管理等多个环节，对从业人员的专业技能提出了较高要求。为此，评价指标体系应全面考虑与水利工程建设流程相适应的各类技能，构建多层次、多角度的技能考核标准。在评价过程中，可采用实验操作、项目实践、现场演示等形式，客观评价学生的动手能力和实践水平。同时，针对不同专业方向，还应设置差异化的技能评价指标，突出专业特色和优势。

3. 态度

态度维度的评价指标旨在考查学生在水利学习和实践中展现出的情感、意志、价值观等内在品质。水利工程建设事关国计民生，从业者不仅需要过硬的专业素养，更需要强烈的责任感、务实的工作态度、严谨的科学精神。这就要求评价指标体系能够客观反映学生的职业素养和道德品质，引导其树立正确的人生观、价值观。具体评价时，可通过日常表现观察、同伴互评、自我反思等方式，多维度收集学生在学习和实践中的态度表现数据，形成客观、准确的评价结果。同时，教师还应注重发挥评价的导向作用，激励学生自觉培育爱岗敬业、无私奉献的高尚情操。

### （三）指标体系的实用性检验

在构建评价指标体系的过程中，设计者需要深入教学一线，通过走访调研、问卷调查等方式，充分了解水利类课程教学的实际情况，准确把握学生的学习需求和教师的教学诉求。只有立足教学实践，评价指标体系才能具有针对性和可操作性。

同时，评价指标体系的实用性还需要在应用过程中不断检验和完善。教师应该在教学实践中积极运用评价指标体系，通过收集学生反馈、教学效果评估等方式，及时发现指标体系存在的问题和不足。例如，某些指标可能过于抽象，难以量化和考核；又如，指标体系可能偏重理论知识的考查，而忽视了实践能力的培养。针对这些问题，教师应该与评价专家、教学管理者等密切配合，及时调整和优化评价指标，使其更加科学、合理、可行。

此外，评价指标体系的实用性检验还要注重长期性和系统性。水利类课程教学是一个动态发展的过程，学生的学习需求、社会的用人要求都在不断变化。评价指标体系必须与时俱进，持续优化和创新。这就要求建立健全评价指标体系的动态调整机制，定期开展评价指标的修订和完善工作，确保其能够适应水利教育发展的新形势、新要求。

## 二、水利类课程评价方法的选择与应用

### （一）传统与现代评价方法的综合运用

在水利类课程评价中，教师应根据课程特点和教学目标，灵活选择和应用传统与现代评价方法。例如，在理论知识评价时，可以采用笔试的方式考查学生对基本概念、原理的理解和掌握；而在实践技能评价时，则可以通过实践操作、现场演示等方式，考查学生运用所学知识解决实际问题的能力。同时，教师还可以引入案例分析、小组讨论等参与式评价方法，激发学生的学习兴趣，培养其团队协

作、沟通表达等综合素质。

此外，传统与现代评价方法的综合运用还有助于构建多元化的评价体系。传统评价方法侧重结果评价，而现代评价方法更加关注过程评价。将二者有机结合，既能够全面考查学生的学习效果，又能够动态监测其学习过程，及时发现和解决学习中的问题。这种多元化的评价体系不仅能够为教师提供全面、客观的评价信息，也能够帮助学生全面认识自身的优势和不足，调整学习策略，提高学习效率。

### （二）个案研究法在水利课程评价中的应用

在水利课程评价中应用个案研究法，首先需要教师精心设计案例，选取具有典型性和代表性的学习任务或项目，引导学生开展探究性学习。在此过程中，教师要密切关注学生的学习表现，详细记录其参与度、思考深度、创新能力等方面的表现，积累丰富的个案素材。同时，教师还应与学生保持良好的沟通和互动，通过探讨和反思帮助学生优化学习策略，调动其学习的主动性和积极性。

在个案分析阶段，教师要运用多元智能理论、元认知理论等，对学生的学习过程进行多维度、多角度的剖析，挖掘其学习行为背后的心理机制和思维特点。通过对学生在不同学习情境中的反应和表现进行对比分析，教师能够准确把握学生知识掌握的深度和广度，洞察其能力发展的优势和短板，为后续教学的针对性改进提供参考。个案研究的分析结果不仅能够帮助教师优化教学策略，也能为学生的自我认知和反思提供重要启示。

此外，将个案研究引入学生互评和自评环节，能够拓宽评价的视野，增强评价的互动性和参与度。学生通过分享和点评彼此的学习案例，能够相互启发，取长补短，在同伴互助中获得进步。此外，个案研究也为学生提供了回顾和反思自我学习历程的机会，帮助其形成积极的自我认知和进取心，提升后续学习的针对性和自觉性。

### （三）信息技术在评价方法中的应用

电子化评价具有便捷性和精准性的显著优势。借助在线测试平台，教师可以随时随地组织学生进行知识测试，并即时生成详细的评价报告。这种评价方式打破了时空的限制，学生可以在任何时间、任何地点参与评价，极大地提高了评价的灵活性。同时，电子化评价还能够精准记录学生的学习行为和过程数据，如学习时长、学习进度、知识掌握情况等，为教师提供全面、客观的评价依据。

电子化评价还能够实现个性化和智能化。基于大数据分析技术，电子化评价系统能够自动生成符合每个学生特点的评价方案，有针对性地指导学生改进学习。例如，系统可以根据学生的知识掌握情况，推送个性化的学习资源和练习题，帮助学生查漏补缺、巩固提高。此外，人工智能技术的应用，使得自动批改、智能反馈成为可能，大大减轻了教师的工作负担，提高了评价的效率和质量。

电子化评价还有利于促进形成性评价的实施。与传统的终结性评价不同，形成性评价更加注重评价过程，强调评价与教学的紧密结合。通过电子化评价平台，教师可以实时跟踪学生的学习状况，及时发现问题并给予反馈和指导。这种及时的互动和干预，能够有效调动学生的学习积极性，促进其自主学习和持续改进。同时，形成性评价的实施也为教师优化教学提供了重要依据，有助于提高课程教学的针对性和实效性。

## 三、水利类课程评价数据的收集与分析

### （一）数据收集的有效技巧

#### 1. 明确评价目的和内容

评价者需要根据课程评价的具体目标，界定评价的重点内容，如教学目标达成度、教学内容组织、教学方法运用、学生学习效果等。只有明确了评价的“度量”对象，才能有的放矢地设计数据收集方案。同时，评价内容的确定也为选择数据来源、设计数据收集工具提供了方向。

#### 2. 选择合适的数据来源

课程评价数据可以来自多方面渠道，如教学文件、教学观察、问卷调查、访谈、测验等。评价者需要根据评价内容和实际情况，选择最能反映评价对象真实情况的数据来源。例如，评价教学目标达成度，可以通过分析期末考试成绩、作业完成情况等获取量化数据；评价教学方法的有效性，可以通过课堂观察、学生访谈等获取质性数据。选择多元化的数据来源，有利于全面、客观地反映课程实施状况。

#### 3.科学设计数据收集工具

常见的数据收集工具包括问卷、访谈提纲、观察记录表、测验题等。设计这些工具时，评价者要充分考虑评价对象的特点，如学生的认知水平、教师的专业背景等，且要使用恰当、易于理解的语言。同时，还要注重问题设置的逻辑性和系统性，避免引导性、双重否定等不当提问方式。针对不同的数据来源，还要选择最为有效的呈现形式，如选择题、问答题、评分量表等。精心设计的数据收集工具，能够帮助评价对象准确表达观点，提供真实可靠的信息。

#### 4.数据收集过程改进的组织与实施

在问卷调查中，评价者要合理把握发放问卷的时间，避开学生和教师较为繁忙的时段，填写调查表应在评价对象充分知情的基础上进行，强调不记名，消除顾虑，鼓励学生如实作答。在开展访谈时，要营造轻松、友好的氛围，引导被访者客观表达观点；适时追问，获取更多细节信息。组织课堂观察，需要提前做好时间安排，采取非参与式观察，完整记录教学活动情况。精心组织数据收集过程，有助于获得第一手资料，切实提高评价数据的真实性。

### (二)应用统计学方法进行数据分析

数据处理是数据分析的基础。面对海量的评价数据，教师首先要对其进行筛选和整理，剔除无效或异常数据，确保数据的完整性和准确性。同时，教师还需要根据评价指标体系对数据进行分类和编码，构建起结构化的数据集。只有经过严格处理的数据才能真实反映评价对象的实际情况，为后续分析奠定基础。

在数据处理的基础上，教师要运用统计学方法对数据进行深入分析和挖掘。描述性统计可以帮助教师了解数据的集中趋势和离散程度，把握评价对象在不同指标上的整体表现。通过计算平均值、中位数、众数等统计量，教师能够直观地比较不同学生、不同班级乃至不同学校之间的差异。而标准差、方差等统计量则反映了数据的离散程度，有助于识别评价结果的稳定性和可靠性。

在描述性统计的基础上，教师还可以运用推断性统计方法探究变量之间的关系。通过相关分析，教师能够揭示不同评价指标之间的关联程度，发现评价对象在不同方面表现出的一致性或差异性。而回归分析则可以探究自变量对因变量的影响，帮助教师找出影响评价结果的关键因素。这些分析不仅能够加深教师对评价对象的认识，更能为改进教学、优化课程提供重要依据。

## (三)质性与量化数据的平衡分析

质性数据通常以文字、图像、音视频等非数字化形式呈现,能够深入揭示评价对象的内在特征、发展规律和潜在问题。而量化数据则以数字化的形式反映评价指标的统计特征,便于进行精确测量和横向比较。在实践中,教师应根据评价目标和内容的需要,灵活采用质性与量化分析方法,扬长避短,优势互补,实现评价的科学性和全面性。

1.质性分析

质性分析通过收集学生的学习日志、课堂表现记录、作业分析报告等过程性材料,深入剖析学生在知识理解、能力发展、情感态度等方面的变化轨迹。例如,教师可以采用个案研究的方式,连续追踪某位学生一个学期的学习历程,分析其在专业知识掌握、实践技能提升、团队协作意识等方面的成长。通过质性分析,教师能够揭示学生学习的内在机理,发现影响学生学习效果的关键因素,为优化教学策略、促进学生发展提供针对性建议。

2.量化分析

通过对期末考试成绩、过程性测验得分、学生出勤率等数据进行统计分析,教师可以准确把握学生学业表现的总体水平和分布特征。利用量化分析,还可以进行学生个体或群体之间的横向比较及不同时间节点的纵向比较,揭示学生学习存在的共性问题和进步空间。例如,对某门水利类专业课程的期末考试成绩进行统计,发现平均分为78分,优秀率为15%,低于学校平均水平,由此教师可以及时调整教学策略,加强薄弱环节。量化分析使课程评价更加客观、精准,为教学诊断和改进提供了可靠依据。

综合运用质性分析与量化分析,能够有机结合水利类课程评价的宏观与微观、主观与客观、过程与结果等多个维度,构建起全方位、多层次的评价体系。一方面,通过质性分析深入挖掘学生个体的发展特点和内在需求;另一方面,运用量化分析准确把握总体学情和关键问题。同时,质性材料中蕴含的量化信息,如学生课堂发言次数的多寡、实验报告完成质量的高低,也可转化为量化数据进行分析;而量化数据背后隐藏的深层原因,如某项技能普遍掌握不佳的现象,则需要通过质性分析来揭示。质性分析与量化分析相互印证、互为补充,共同服务于水利类课程评价目标的实现。

## 四、水利类课程评价结果的反馈与改进

### (一)建立及时反馈机制

水利类课程教学反馈机制的构建应以多元主体参与为基础。教师、学生、教学管理者乃至用人单位都应成为反馈信息的重要来源。教师可以通过教学日志、学生作业、课堂观察等方式,及时了解学生的学习状况和教学效果;学生可以通过问卷调查、访谈座谈、学习笔记等形式,反映自己的学习体验和意见建议;教学管理者则可以通过督导评估、教学检查、学生评教等渠道,全面监控课程教学质量;用人单位的反馈意见,更能为课程教学提供社会需求视角,使人才培养与行业发展紧密对接。只有广泛吸纳各方意见,才能全景式呈现课程教学的真实状态,为持续改进提供可靠依据。

水利类课程教学反馈机制的运行应遵循规范化、常态化的原则。反馈信息的收集不能流于形式或仅在关键时间节点开展,而应形成一套固定的工作流程和规范,融入教学工作的全过程。如定期召开学生座谈会、开展教学满意度调查,建立教师教学工作月报告、学期总结制度,完善领导干部听课评课、同行教师互评议课机制等,这些常态化的反馈渠道,都能及时发现和解决教学中的突出问题。同时,反馈机制还应与教学激励约束政策有机结合,将反馈结果作为教师绩效考核、职称评聘的重要依据,以此调动教师改进教学的主动性和积极性。唯有常抓不懈,才能将反馈机制的作用落到实处,切实推动教学质量持续提高。

水利类课程教学反馈机制的完善还应注重校企合作、产教融合。水利行业对人才培养提出了更高的要求,课程教学必须站在行业发展的前沿,培养适应新时代水利事业的复合型人才。而企业和行业专家无疑是了解人才需求、推动产教融合的重要力量。积极邀请企业工程师、项目经理等参与到人才培养方案制定、课程教学设计等环节中,建立校企人员互聘共用、学生实习实践基地等长效合作机制,既能及时将行业发展和用人需求的最新变化反馈到教学中,又能让理论教学与工程实践紧密结合,从而提高人才培养的针对性和适应性。只有主动对接行业发展动向,才能培养出真正满足水利行业需要的高素质人才。

水利类课程教学反馈机制的有效实施还有赖于数据分析技术的综合运用。随着信息技术的快速发展,海量的教学和学习数据为精准反馈、科学决策提供了新的可能。应用大数据分析、学习行为挖掘等先进技术手段,可以从海量教学数

据中及时发现学情特点、学习难点，准确地把握学习效果和教学反馈的关键点。同时，数据分析还能为课程优化提供更加精准、更具针对性的改进路径，如优化教学内容组织、改进教学方法手段、完善教学评价考核等。数据驱动的反馈机制，能使教学决策更加科学、更具说服力，从而有力推动课程建设与教学改革。

### （二）利用评价结果指导教学

课程评价结果能够为教师优化教学设计提供重要依据。通过分析评价数据，教师可以准确定位学生在知识掌握、能力培养等方面的薄弱环节，进而在教学中加以侧重和强化。例如，如果评价结果显示学生在某些重点知识点上存在理解偏差或掌握不牢，教师就可以在后续教学中增加相关内容的训练和强化，帮助学生夯实基础。又如，如果评价结果反映学生在动手操作、创新设计等实践能力方面有所欠缺，教师就可以相应地增加实验实践环节，为学生提供更多锻炼机会。

课程评价结果还可以为教师改进教学方法提供有益启示。通过对评价数据的深入挖掘，教师能够洞察不同教学方法的实际效果，进而择优选用、因材施教。例如，如果评价显示传统讲授法在某些知识点的教学中效果欠佳，教师可以尝试引入案例教学、问题探究等更具互动性、启发性的教学方式；如果评价表明学生在自主学习、合作探究等环节中表现活跃，教师就可以进一步突出学生的主体地位，创设更多开放性、挑战性的学习任务。

此外，课程评价结果还为教学改革和课程建设指明了方向。通过横向比较和纵向追踪，教师能够准确把握课程教学的整体水平和发展态势，进而确定优化和改进的重点领域。例如，通过评价数据的趋势分析可能会发现，学生在工程实践、跨学科整合等能力方面的培养还有待加强，教师就可以据此优化人才培养方案，加强校企合作，开设综合性、项目化的实训课程。又如，评价反馈可能揭示出，水利类课程在知识更新、教学模式创新等方面还存在不足，亟须与时俱进，教师就可以主动对标行业前沿，加强教研探索，深化教学改革。

### （三）评价结果在专业建设中的应用

从专业建设的角度来看，教学评价结果是推动专业内涵发展的重要依据。通过对评价数据的科学分析，专业建设团队能够准确把握人才培养现状，找出专业发展的突破点和着力点。例如，如果评价结果表明学生创新能力有待加强，专业建设就应该在培养方案中凸显创新教育，开设创新创业类课程，搭建创新实践平台。又如,如果评价结果显示学生工程实践能力不足,专业建设就需要深化产教融合,加强与行业企业的合作,为学生提供更多参与工程项目的机会。这些举措不仅能够提升专业人才培养质量,更能增强专业的核心竞争力。

此外,教学评价结果还是检验专业建设成效的重要尺度。专业建设是一项系统工程,需要在人才培养目标、课程体系、教学内容、实践条件等方面进行全面优化。教学评价则提供了一个客观衡量专业建设成效的标准。通过纵向对比评价结果的变化趋势,专业建设团队能够直观地了解建设措施的针对性和有效性,为下一步工作的开展提供决策参考。例如,如果连续几年的评价结果都显示学生实践能力明显提升,就说明前期在实践教学方面的改革是卓有成效的,值得进一步深化和推广。

教学评价结果只有转化为实际的改进行动,才能真正发挥对专业建设和课程优化的指导作用。这就要求专业建设团队高度重视评价反馈,深入分析评价数据,挖掘其中隐含的问题和改进方向。同时,还要建立健全评价结果运用的工作机制,明确各环节的责任分工和时间节点,确保评价反馈能够及时转化为教学改进和专业建设的具体举措。只有形成评价、反馈、改进的闭环,教学评价才能真正成为推动水利专业内涵发展的重要抓手。

# 第二章　基于产学研结合的水利类专业教育模式创新与实践

## 第一节　产学研结合的理论基础

### 一、产学研结合的基本概念

#### (一)产学研结合的定义

在我国,产学研结合最初在理工科领域兴起,如大学科技园区的建设、企业冠名班的设立等。进入21世纪,国家出台了一系列政策,大力推动产学研用紧密结合,如《国家中长期教育改革和发展规划纲要(2010—2020年)》明确提出要加强产学研用结合,提高高校服务经济社会发展能力。在此背景下,水利类专业教育开始积极探索产学研结合的有效途径,力图培养适应水利行业需求的高素质应用型人才。

回顾水利类专业教育引入产学研结合理念的发展历程,大致经历了三个阶段:起步探索阶段、深化拓展阶段和创新发展阶段。在起步探索阶段,水利类院校开始尝试与水利企事业单位开展合作,如共建实习实训基地、聘请企业工程师担任兼职教师等,但合作内容较为单一,时间跨度较短,成效有限。进入深化拓展阶段,水利类院校进一步加大校企合作力度,积极吸纳行业企业参与人才培养全过程。如成立由校企双方共同组建的教学指导委员会,开发符合行业需求的课程体系,引入企业真实项目和案例丰富教学内容等。这一阶段产学研结合的广度和深度不断拓展,育人成效显著提升。

近年来,水利类专业教育的产学研结合进入创新发展阶段。一方面,随着新一轮科技革命和产业变革的兴起,大数据、人工智能、物联网等现代信息技术与水利行业加速融合,对水利人才的知识结构和能力要求发生深刻变化。另一方面,国家实施创新驱动发展战略,大力推进产教融合,为水利类专业教育深化产学研结合提供了难得机遇。在这种形势下,水利类院校积极利用前沿信息技术手段优化教学方式,创新构建"虚实结合"的实践教学体系。如依托VR/AR等技术搭建沉浸式虚拟仿真实验系统，让学生足不出户即可体验大坝、水电站等大型水利工程的建设运维全过程；又如联合行业龙头企业成立产教融合学院，打造集人才培养、科研攻关、成果转化于一体的协同创新平台，培养具备工程实践能力和创新创业精神的高端水利人才。

## (二)产学研结合的目标与功能

从教育质量的视角来看，产学研结合能够有效地弥合理论教学与实践应用之间的鸿沟。传统的水利专业教育往往偏重理论知识的传授，学生缺乏动手实践的机会，导致所学知识与行业需求脱节。而产学研结合强调将生产实践引入教学过程，让学生在真实的工程情境中学习知识、锻炼技能。这种理论与实践紧密结合的教学模式，有利于提高学生分析问题、解决问题的能力，培养其工程实践和创新意识。

产学研结合还能促进教学内容的更新和优化。水利行业日新月异，新技术、新工艺、新标准层出不穷。如果教学内容不能与时俱进，学生学到的知识就可能滞后于行业发展。产学研结合为教学内容注入了新鲜血液，教师可以根据科研项目、生产实践的最新进展，及时调整教学大纲，补充前沿案例。学生通过参与科研项目、实习实训等，能接触到行业的前沿动态，开阔视野，激发学习兴趣。可以说，产学研结合是保持水利专业教育与行业发展同步的重要途径。

从行业发展的角度来看，产学研结合是实现人才供给和产业需求无缝对接的有效方式。长期以来，水利行业面临着“人才荒”的困境，高校培养的毕业生难以满足用人单位的要求。产学研结合旨在培养具有扎实理论基础、过硬实践本领、丰富创新经验的高素质人才，为行业输送新鲜血液。通过校企合作办学，学生可以在实习实践中熟悉企业文化，掌握岗位技能，缩短从学校到职场的适应期。而企业也可借助产学研平台，参与人才培养方案的制定，提出针对性的人才需求，从源头上解决人才“质”和“量”的问题。

此外，产学研结合还有利于加快科技成果转化，推动水利行业技术进步。高校是科技创新的重要策源地，聚集了大量科研人才和先进设备。但受制于体制机制等因素，高校的科研成果往往难以走出“象牙塔”，产业化、市场化进程缓慢。产学研结合为科研成果的转移转化搭建了桥梁，学校可以根据企业需求开展有的放矢的科研攻关，企业则可以利用学校的科研资源开发新技术、新产品，实现优势互补、互利共赢。这种良性互动不仅能提升高校服务经济社会发展的能力，也能为水利行业注入创新动力。

### (三)产学研结合的实践意义

通过产学研合作,高校可以及时了解水利行业发展的最新动态和人才需求,据此优化人才培养方案,调整课程设置和教学内容,使之与行业需求相适应。同时,高校还可以利用企业的实践平台,为学生提供实习实训、毕业设计等机会,让学生在真实的工程环境中锻炼能力,积累经验。这种"真刀真枪"的实践锻炼,对于提升学生的职业技能和就业竞争力具有重要作用。

产学研结合还有利于推动水利类专业教育教学模式的变革创新。传统的课堂教学往往以教师为中心,学生被动接受知识灌输,缺乏主动性和参与感。而产学研合作项目通常以任务驱动、项目导向为特征,学生需要运用所学知识,通过小组协作完成具体任务,在此过程中培养个人的团队意识,锻炼组织管理、沟通协调等能力。这种自主、探究、合作的学习方式,更符合学生认知发展规律,有利于调动学生学习的积极性和创造性。

此外,产学研结合还为高校教师的教学和科研提供了广阔平台。通过参与企业的实际项目,教师可以及时更新专业知识,丰富实践经验,提高教学的针对性和实效性。同时,产学研合作还有利于推动科技成果的转化应用,促进水利科技的进步与创新。高校可以发挥科研优势,为水利企业提供技术支持与服务,提升企业的创新能力和市场竞争力。

## 二、产学研结合的理论模型

### (一)三螺旋模型的构建与应用

在水利类专业教育中,运用三螺旋模型可以有效整合各方资源,深化校企合作,提升人才培养质量。首先,高校作为人才培养和知识创新的主体,应当根据水利行业发展需求,优化专业设置,改革教学内容和方法,为学生提供与实践紧密结合的学习机会。其次,水利企业作为人才需求和技术应用的主体,应当积极参与人才培养过程,为学生提供实习实践岗位,合作开展应用研究,推动科研成果转化。最后,政府作为政策制定和资源配置的主体,应当完善产学研合作的制度建构,加大对水利教育的投入力度,引导高校和企业开展深度合作。

三方主体应通力合作,建立常态化的沟通协调机制,共同制定人才培养方案,开发课程资源,搭建实践教学平台,形成良性互动、协同发展的局面。在此过程中，教师可以深入一线，了解水利行业技术发展动态，更新教学内容；学生可以通过参与企业实习和项目研究，提升实践能力和创新意识；企业可以借助高校的人才和技术优势，提升自主创新能力，推动关键技术突破。三螺旋模型的运用，有利于实现水利类专业教育与行业发展的精准对接，培养具备扎实理论基础、过硬实践本领、开阔创新视野的高素质应用型人才。

同时，借鉴三螺旋模型还能够推动水利类专业教育的学科交叉融合，开拓人才培养新路径。现代水利事业的发展呈现出多学科、跨领域融合的趋势，对从业人员的综合素质提出了更高要求。基于三螺旋模型，高校可以打破学科壁垒，整合水利、土木、环境、管理等相关专业资源，培养交叉学科人才；企业和科研院所可以共建产学研用联合实验室，开展前沿技术和重大课题攻关，为教学科研注入新动力；政府可以制定专项政策，鼓励支持协同创新平台建设，提供体制机制保障。可通过三方协同，探索复合型、创新型水利人才培养模式，培育具备宽厚知识基础、多学科融通能力、开放创新思维的未来水利领军人才。

三螺旋模型既是一种理论视角，更是一种实践路径。在水利类专业教育中深入运用这一模型，有利于推动高校、企业、政府协同创新、优势互补，深化产教融合、科教结合，提升水利人才培养的针对性和适应性。面向新时代水利事业发展需求，进一步创新三螺旋协同机制，优化人才培养体系，完善创新创业生态，必将为加快培养德智体美劳全面发展的高素质水利工程技术人才提供有力支撑，为水利现代化建设提供坚实的人才基础和智力支持。

三螺旋模型对于推进水利类专业教育改革创新具有重要的理论价值和实践意义。在国家大力推进新工科、新农科、新医科、新文科建设的背景下，深入研究三螺旋模型的内涵特征，积极探索三螺旋模型在水利类专业教育中的实施路径，对于加快构建与行业发展需求相适应、与国家战略目标相一致的水利类专业人才培养体系，具有十分重要的借鉴价值。

### （二）多元协同模型的创新策略

多元协同模式的核心在于汇聚各方力量，形成教育合力。它要求高校主动打破学科壁垒和专业界限，加强与政府部门、行业企业、科研院所的沟通对接，建立常态化的合作机制。通过整合优质教育资源，共同参与人才培养方案设计、课程体系建设、实践教学改革等，构建起紧密衔接、优势互补的协同育人格局。在这一过程中，高校作为人才培养的主体，要发挥好统筹协调的作用，引导各方形成育人共识，明确责权利关系，推动多元协同纵深发展。

多元协同模式有利于促进水利专业教育的供给侧结构性改革。长期以来，我国水利类专业人才培养存在着一定程度的同质化倾向，教学内容和方法创新不足，实践能力培养薄弱等问题。通过深化校企合作、校所合作，高校可以及时获取行业企业和科研院所的一手需求信息，根据岗位要求和职业标准，优化人才培养方案，更新教学内容，创新教学模式。同时，借助企业和科研院所的实践平台，学生能够接受更加系统、专业的实践训练，强化动手能力和创新意识，提高就业竞争力和发展潜力。这种需求导向、多方参与的人才培养模式，必将推动水利专业教育由外延发展向内涵提升转变，实现人才培养与经济社会发展的紧密对接。

多元协同模式还能够为水利专业教育注入创新发展的动力。通过搭建产学研用合作平台，高校、企业、科研院所可以开展全方位、多层次的协同创新，加快科技成果的转化应用。一方面，高校可以发挥人才优势和学科优势，与企业联合开展应用研究，解决行业发展中的关键技术问题；另一方面，高校还可以与科研院所合作，开展前沿技术和基础理论研究，推动水利学科的创新发展。在协同创新中，高校教师能够及时更新知识体系，拓宽研究视野，提升教学科研能力；学生也能够参与到真题真做的科研实践中，感受科技创新的魅力，培养创新精神和实践能力。可以说，多元协同模式为水利专业教育带来了源源不断的创新活力，为培养引领行业发展的拔尖创新人才提供了肥沃土壤。

### （三）循环式发展模型的实践路径

循环式发展模型强调理论与实践的紧密结合。在教学过程中，教师不仅要系统传授水利学科的基础理论和专业知识，还要注重引导学生将所学知识应用于实践。通过设计与水利工程实际相关的课程项目、组织学生参与水利工程现场实习等方式，使学生在动手实践中加深对理论知识的理解，提升运用专业知识解决实际问题的能力。同时，实践过程中遇到的新问题、新挑战又会促使学生反思所学理论，进一步深化认知，形成理论指导实践、实践反哺理论的良性循环。

循环式发展模型注重能力培养与素质提升的融合。水利类专业不仅要求学生具备扎实的专业技能，更需要培养学生的创新意识、工程伦理、社会责任感等综合素质。循环式发展模型通过将专业课程与人文社科类课程有机整合，开展富有创新性和挑战性的教学活动，引导学生在解决复杂工程问题的过程中提升创新能力和综合素质。例如，教师可以设计跨学科的项目研究任务，要求学生综合运用水利、管理、经济等多学科知识，提出切实可行的水利工程方案，在培养专业能力的同时，提升学生的创新意识和全局思维。

循环式发展模型重视持续学习与终身发展。水利科技日新月异，知识更新速度快，这就要求水利人才具有持续学习的意识和能力。循环式发展模型通过构建完善的课程体系和创新的教学方式，引导学生掌握自主学习的方法，养成主动探究的习惯。同时，教师还要为学生搭建与行业专家、优秀校友的沟通交流平台，开阔学生视野，激发其持续学习的动力。只有树立终身学习理念，水利人才才能适应时代发展需求，推动水利事业不断进步。

循环式发展模型还强调多元主体的协同育人。现代水利工程建设需要政府、高校、企业等多元主体的通力合作。循环式发展模型积极推动产学研用的深度融合，建立政府引导、行业参与、企业支持、高校主导的协同育人机制。例如，鼓励企业工程技术人员和高校教师互聘，共同开发课程、指导实习实践；鼓励企业提供科研项目和经费支持，搭建产学研合作平台，为学生成长提供更加广阔的空间。在多元主体协同育人的过程中，学生能够接触到更加丰富的教育资源，学习先进的实践经验，不断积累知识和能力，实现全面发展。

## 三、产学研结合的关键要素

### （一）教育资源的优化配置

从制度层面来看，优化教育资源配置需要构建起科学、规范的管理制度。一方面，要建立健全产学研合作的组织管理体系，明确各参与主体的权责边界，形成分工明确、协同高效的运行机制。另一方面，要完善人才培养方案和教学质量标准，将产学研合作项目与专业课程体系相衔接，确保教学内容与生产实践的紧密结合。同时，还要建立灵活多元的资源共享机制，鼓励校企双方在师资力量、实验设备、实习基地等方面实现优势互补，最大限度地发挥教育资源的使用效益。

从平台层面来看，优化教育资源配置需要搭建起开放、共享的合作平台。产学研合作的广度和深度很大程度上取决于合作平台的建设水平。因此，高校要主动走出去，与行业龙头企业、科研院所建立长期稳定的战略合作关系，共同建设产学研一体化平台。通过这些平台，高校可以及时获取行业发展的最新动态和技术需求，调整人才培养策略；企业则可以参与人才培养全过程，实现“订单班”式培养；科研院所也能够将最新研究成果转化应用到教学实践中。这种多元互动、优势叠加的合作模式，能够有效整合校内外的优质资源，形成人才培养的强大合力。

从机制层面来看，优化教育资源配置需要建立起灵活、高效的运行机制。产学研结合是一项系统工程，涉及方案制订、过程管理、效果评估等多个环节。这需要建立科学的绩效考核和激励机制，调动各参与主体的积极性和创造性。对于高校教师，要将产学研合作绩效纳入职称评聘、绩效考核范畴，引导其投身于教学实践改革；对于参与企业和科研院所，要在项目申报、经费支持等方面给予政策倾斜，提高其参与的主动性和持续性。同时，还要注重成果转化和应用推广，建立健全知识产权保护制度，促进产学研良性互动、互利共赢。

### （二）产业需求的精准对接

要实现产业需求与水利教育内容的有效对接，首先要建立常态化的需求调研机制。教育主管部门、高校、行业协会等要加强合作，通过问卷调查、实地走访、座谈交流等方式，深入了解水利行业的人才需求状况，掌握用人单位对水利专业人才知识结构、能力素质的具体要求。同时，要密切关注水利科技前沿动态，把握行业未来发展方向，前瞻性地预判人才需求变化趋势。只有基于充分调研和科学预测，才能准确把握产业需求脉搏，为水利教育教学改革提供可靠依据。

在明确产业需求的基础上，水利类专业还要系统优化课程体系和教学内容。传统的水利专业课程设置往往偏重理论教学，与工程实践联系不够紧密，难以满足产业发展的实际需要。因此，要积极构建产教融合的课程体系，加大实践教学比重，强化工程案例教学和现场教学环节。课程内容要紧跟水利行业发展的最新动态，及时吸纳先进实用技术，融入智能化、信息化、绿色化等新理念、新标准，提升教学内容的前瞻性和时效性。同时，要注重培养学生的工程实践能力、创新创业能力，通过项目驱动、任务引领等方式，锻炼学生运用所学知识解决实际问题的综合能力。

加强校企合作也是实现水利专业教育与产业需求精准对接的重要路径。高校要主动与水利企业建立紧密的合作关系，共同制定人才培养方案，开发特色课程，开展联合培养。鼓励企业工程技术人员和管理人员参与教学工作，承担专业课程或指导实习实践，让学生及早熟悉行业环境，了解企业运作模式。同时，支持教师深入企业一线开展应用研究，及时更新知识结构，提高实践教学能力。通过“引企入教”和“送教入企”，能构建产学研用一体化人才培养模式，提升人才培养质量和水平。

### （三）创新型人才的培养机制

从培养目标来看，产学研结合下的创新型人才应具备扎实的理论基础、过硬的实践能力、敏锐的创新意识和家国情怀。这就要求在人才培养过程中，既要重视基础知识的学习和专业技能的训练，又要注重创新思维的激发和创业能力的培养。教师应引导学生将所学知识与水利行业实际相结合，鼓励其探索前沿技术，解决生产一线难题，在创新实践中提升综合素质。同时，还应加强学生家国情怀和社会责任感的培育，引导其肩负振兴水利的历史使命，在创新创业中实现人生价值。

从培养路径来看，构建创新型人才培养新机制需要学校、企业、研究机构密切配合，形成协同育人的合力。一方面，高校应主动对接行业需求，及时更新教学内容，优化课程设置，为学生提供前沿知识和先进技术。另一方面，要充分发挥企业和科研院所的资源优势，建立产学研用联合培养基地，为学生提供实习实训、项目研发、创业孵化等实践平台。学生可以通过参与企业生产、项目攻关等方式，将理论知识与实践经验相结合，在真实情境中锻炼创新能力。

从保障措施来看，创新型人才培养新机制的实施离不开制度建设和政策支持。学校应制定产学研结合的人才培养方案，明确培养目标、实施路径和质量标准。同时，建立健全产学研合作的组织管理体系，成立专门机构统筹协调校企合作事务。政府部门也应加大对产学研结合的政策扶持力度，在经费投入、税收优惠、人才引进等方面给予倾斜，为人才培养创造良好的外部环境。此外，还应注重产学研合作成果的转化应用，鼓励学生创新创业，建立健全知识产权保护机制，最大限度地激发人才创新活力。

## 四、产学研结合的实施机制

### (一)制度保障与政策支撑

相关政策法规的制定和完善，为产学研结合提供了必要的法律依据和制度框架。这些政策既明确了产学研各方的权责利，又为其合作提供了切实可行的路径。一方面，国家层面出台的政策为产学研结合指明了方向。例如，《国家中长期教育改革和发展规划纲要(2010—2020年)》明确提出要加强产学研用结合，促进科技成果转化；《"十三五"国家科技创新规划》进一步强调要深化产学研合作，加快建设创新型国家。这些宏观政策为产学研结合营造了良好的制度环境。另一方面，地方政府和相关部门制定的具体措施为产学研结合提供了有力的政策支撑。许多地方出台了鼓励高校与企业合作的优惠政策，如科技成果转化奖励、科技创新平台建设专项资金等。这些措施有效调动了高校和企业参与产学研合作的积极性。

要真正推动产学研结合，还需要建立健全相应的运行机制和保障体系。首先，要建立产学研利益共享机制。通过合理分配科技成果转化收益，保障各方合法权益，调动其参与产学研合作的积极性。其次，要完善知识产权保护制度。明晰产学研合作过程中知识产权的归属和使用规则，营造良好的创新生态环境。再次，要健全风险分担机制。合理分担产学研合作中可能面临的风险和损失，增强各方合作的信心和决心。最后，要建立科学的绩效评价体系。制定符合产学研结合特点的评价指标和方法，客观评估合作绩效，为优化资源配置提供依据。

政府还应发挥好服务和协调的职能，为产学研结合创造良好的外部条件。一是加强统筹规划。科学制订产学研结合的发展规划，明确目标任务和实施路径，形成工作合力。二是搭建公共服务平台。整合各类创新资源，为产学研合作提供技术、信息、中介等专业化服务。三是优化创新环境。营造鼓励创新、包容失败的社会氛围，厚植产学研结合的文化土壤。四是加强人才培养。完善高层次创新人才培养机制，为产学研合作输送优秀人才。

### （二）合作平台的构建与运作

政府部门应发挥统筹协调作用，完善相关政策法规，营造有利于产学研合作的制度环境。通过引导资金投入、项目立项、成果奖励等措施，激励高校和企业开展深度合作。同时，政府还应加强对合作平台的监管和绩效评估，确保其规范、高效运行。

高校是合作平台的重要参与者，要主动对接行业需求，优化学科专业布局，加强“双师型”教师队伍建设，为平台运行提供人才保障。在教学过程中，高校要充分利用合作平台，推行项目驱动、案例教学等方式，提升人才培养的针对性和实效性。在科研方面，高校要发挥基础研究优势，聚焦水利行业关键技术问题，产出高质量科研成果。

企业是技术创新和成果应用的主体，要以开放的心态参与合作平台建设，提供真实的工程案例和实践场景，帮助高校更新教学内容，改进人才培养模式。同时，企业要加大研发投入，吸纳高校科研成果，推动关键技术突破和产业化应用。在人才引进方面，企业应与高校建立长效合作机制，为优秀毕业生提供实习实践和就业机会。

科研机构在合作平台中发挥着“桥梁”和“纽带”作用，一方面要加强与高校的基础研究合作，为技术创新提供有力支撑；另一方面要主动对接企业需求，加快科研成果的转化和应用。科研机构还应发挥自身优势，牵头组织行业关键技术攻关，引领水利科技发展方向。

良好的运行机制是保障合作平台持续发展的关键。要建立健全议事协调、利益共享、风险共担的运行机制，形成常态化的沟通交流渠道。定期召开合作主体联席会议，及时研究解决合作中的重大问题；建立科学合理的利益分配机制，调动各方参与合作的积极性；完善风险防控体系，提高合作平台抗风险能力。

充分利用信息化手段，搭建网络合作平台，实现资源共享和实时交互。要依托大数据、云计算等新技术，提升合作平台管理和服务水平。同时，加强合作平台的宣传推广，扩大社会影响力和认可度，吸引更多社会资源参与其中。

## （三）成果转化与可持续发展

### 1.建立健全成果转化机制

建立健全成果转化机制需要政府、高校、企业等多方主体的通力合作。政府应完善相关政策法规，为成果转化提供制度保障；高校应积极推动科技成果的转移转化，建立专门的技术转移机构，提供必要的人才、资金和平台支持；企业应主动对接高校科研团队，加强技术需求对接，为成果转化提供现实土壤。只有形成“政产学研用”多方联动的成果转化机制，才能破解成果“出不去”、企业“接不住”的难题，实现科技成果的有效转移和产业化应用。

### 2.加强成果转化人才队伍建设

成果转化是一项复杂的系统工程，需要复合型人才的参与和推动。高校应加强成果转化人才的培养，通过开设专门课程、实践训练等方式，提升学生的技术转移和产业化能力；企业应重视成果转化人才的引进和培育，为其提供施展才华的平台；政府应完善成果转化人才的评价和激励机制，调动各方主体参与成果转化的积极性。构建一支专业化、市场化的成果转化人才队伍，是推动产学研合作向纵深发展的重要基础。

### 3.注重成果转化过程的市场化运作

成果转化不能仅依靠政府和高校的“推动”，更需要发挥市场机制的作用。高校科研团队应主动了解市场需求，加强与企业的沟通对接，以市场需求为导向开展科技创新；企业应充分发挥主体作用，加大对高校科技成果的转化力度，通过市场化运作推动成果的产业化应用；政府应营造良好的市场环境，完善科技成果交易平台，促进技术市场的健康发展。让市场在资源配置中起到决定性作用，才能真正实现科技成果的有效转化和产业化应用。

4. 探索符合水利人才培养规律的教育模式创新

传统的水利人才培养模式难以适应新时期产业发展的需求，亟须进行创新和变革。这就要求高校立足水利行业的特点，主动对接产业需求，加强校企协同育人，构建产教融合的人才培养模式。可通过引入企业工程案例、聘请业界专家授课、开展现场实习实训等方式，增强人才培养的针对性和适应性。同时，高校还应注重创新创业教育，培养学生的创新意识和创业能力，鼓励学生积极参与科技创新和成果转化，成为推动水利行业发展的生力军。

5. 构建可持续发展的产学研合作生态

产学研合作不是一蹴而就的，需要在实践中不断完善和优化。合作各方应树立“共建、共享、共赢”的理念，建立长期稳定的合作关系。高校应发挥人才和科技优势，为企业发展提供智力支持；企业应加大投入力度，为高校科研提供资金和平台保障；政府应发挥引导和协调作用，为产学研合作营造良好的政策环境。只有三方主体相互支持、密切配合，形成可持续发展的产学研合作生态，才能推动合作不断迈上新台阶。

## 第二节　基于产学研结合的水利类专业教育模式的实施路径

### 一、产学研结合的水利类教学内容设计

#### （一）紧贴行业需求的课程内容开发

在课程内容开发中应注重以下方面：一是紧密对接行业需求，及时将水利工程建设、运行管理等领域的新技术、新工艺、新标准纳入教学内容，强化学生实践技能训练；二是加强校企合作，邀请行业专家参与课程建设，开发具有鲜明应用导

向的特色课程；三是创新教学模式，采用项目驱动、案例教学等方法，引导学生在真实工程情境中学习和应用专业知识；四是丰富课程资源，充分利用信息化手段，为学生提供在线课程、虚拟仿真等多样化的学习途径。

课程内容的设计还应体现前瞻性和创新性。在传授基础理论和专业知识的同时，教师要敏锐洞察水利科技发展的前沿动向，引导学生关注行业热点、难点问题，启发其创新思维和探究精神。同时，课程内容也要注重培养学生的工程伦理、社会责任等人文素养，引领其树立正确的价值观。

### （二）综合理论与实践的课程体系构建

在课程内容设计上，应着眼于水利行业的最新发展动向和技术前沿，精选既能夯实学生理论基础又能提升其实践能力的教学内容。课程内容应涵盖水利工程规划、设计、施工、运维等各个环节，重点突出水利工程建设与管理中的关键技术和核心工艺。同时，课程内容还应及时吸纳水利领域的前沿科技成果和创新实践经验，引导学生把握行业发展脉搏，培养其创新意识和探索精神。

在教学方法创新上，应积极推行项目驱动、案例教学等方式，突出学生的主体地位和教师的引导作用。教师可以与企业合作，发掘和提炼生产实践中的真实案例，设计基于工程项目的教学任务，引导学生在完成任务的过程中主动探索知识、强化技能训练。在此基础上，教师还可以组织学生开展小组讨论、头脑风暴等互动式教学活动，鼓励其积极思考、勇于质疑，在与他人的交流碰撞中深化对理论知识的理解，提升分析问题、解决问题的综合能力。

综合性课程体系的构建还应注重校内外资源的整合与共享。学校应主动与行业企业、科研院所建立长效合作机制，吸引企业工程师、行业专家参与到课程建设和教学实践中。企业可以为学校提供前沿的行业信息、典型工程案例、先进实训设备等资源，协助学校完善实验实训条件。学校则可以为企业输送优秀的实习实践人才，为企业发展注入新鲜血液。校企双方通过共建联合实验室、产学研基地等形式，实现优质教学资源的双向流动和高效利用，为人才培养质量的持续提升提供坚实保障。

### （三）创新教材与案例资源的引入

高质量的创新教材应立足水利行业发展前沿，紧密结合工程实践，系统梳理水利学科的基本理论、关键技术和前瞻性问题。在编写过程中，应广泛吸收企业、科研机构的专家参与，将其丰富的实践经验和前沿研究成果融入教材之中。同时，教材还应重视案例教学，精选典型的水利工程项目作为案例，深入剖析其设计思路、关键技术、管理模式等，帮助学生深刻理解理论知识在实践中的应用。这样的教材不仅能够拓宽学生的专业视野，还能培养其分析问题、解决问题的能力，为其未来职业发展奠定坚实基础。

此外，引入多样化的案例资源也是创新水利类专业教学的重要路径。一方面，教师可以通过校企合作，获取企业提供的真实工程案例，组织学生开展案例分析和讨论，增强教学的针对性和实效性。另一方面，教师还可以充分利用信息技术手段，建设案例资源库，涵盖水利规划、设计、施工、运维等各个环节的优秀案例，方便学生自主学习和探索。通过案例教学，学生能够站在工程实践的角度，深入理解水利原理和方法，提高发现问题、分析问题、解决问题的综合能力。

## 二、产学研结合的水利类教学资源整合

### （一）整合行业资料库为教学资源库

资料库向教学资源的转化，首先要立足水利专业人才培养目标，有针对性地筛选和整理资料。教师要深入研究专业培养方案和课程教学大纲，明晰各门课程的教学重点和难点，据此对资料库进行“提纯”，挑选出与教学内容紧密相关、能够帮助学生理解和掌握关键知识点的案例和数据。这些资料可以是工程设计图纸、施工现场照片、运行监测报告等，也可以是政策法规文件、学术研究论文等。关键是要突出资料的典型性和代表性，力求精而不求多。

筛选出的资料还需要经过教学化加工，使其更加贴近教学实际，易于学生理解和吸收。这就要求教师根据教学内容和学生特点，对资料进行重新组织和编排，并辅以必要的说明和解读。比如，将设计图纸与施工照片对应起来，生动展现工程从图纸到实物的转化过程；又如，将不同年代的数据进行对比分析，直观反映水利事业的发展变迁。在加工过程中，教师还应注重挖掘资料背后的专业思想和方法，引导学生透过现象看本质，学会运用所学知识分析和解决实际问题。

资料库一旦转化为优质教学资源，就可以多渠道、多形式地融入教学全过程。它既可以作为课堂教学的案例素材，用于引入新课、突破难点、拓展延伸，也可以作为课后练习的材料，帮助学生巩固知识、强化技能；既可以线下运用，激发课堂教学互动，也可以线上共享，支持学生自主学习。灵活、高效地使用资料库转化的

教学资源，能够极大地丰富教学内容，创新教学模式，提升人才培养质量。

水利行业资料库转化为教学资源，是高校与企业、科研院所开展产学研合作的重要成果。通过这一过程，教师能够及时了解和掌握行业发展的前沿动态，更新完善知识结构；学生能够亲身感知专业理论在实践中的运用，增强学习兴趣和职业认同感；企业和科研院所也能借助高校的教学平台，分享和传播其先进成果，塑造行业品牌形象。可以说，资料库向教学资源的转化，有利于教学、科研、生产三者的良性互动，最终实现多方共赢。

### （二）利用专业软件与模拟平台

在教学过程中，教师可以引导学生使用专业软件进行水利工程设计与模拟，如水文分析、水工建筑物设计、灌溉排水系统规划等。学生通过亲自操作，能够更直观地认识水利工程的特点和设计流程，加深对理论知识的理解。同时，专业软件通常集成了行业规范和标准，学生在使用过程中能够熟悉相关规范要求，培养严谨规范的职业素养。

此外，模拟平台为学生提供了一个探索性学习的环境。学生可以通过调整参数、修改方案，观察不同条件下水利系统的运行状况，分析其影响因素。这种探索性学习有助于激发学生的创新意识，培养其分析问题、解决问题的能力。在模拟环境中，学生还能接触到一些现实中难以复现的工况，加深对极端情况的认识，提高其应对复杂问题的能力。

### （三）校内外资源的共享与优化

通过校企合作共享教学资源，高校可以获得企业一线的技术资料、工程案例、实训设备等宝贵的教学素材。这些来自生产实践的鲜活案例，有助于提高教学内容的针对性和实用性，激发学生的学习兴趣。同时，高校还可以邀请企业专家、能工巧匠走进课堂，传授行业前沿知识和实战经验，拓宽学生的专业视野。这种“请进来”的资源共享模式，为学生搭建了通往行业的桥梁，有利于缩短人才培养与企业需求之间的距离。

除了“请进来”，高校还应积极“走出去”，即鼓励教师深入企业、工程一线，参与技术研发和工程实践。通过产学研合作，教师可以及时更新专业知识，提升实践教学能力，将最新的行业发展动态及时传递给学生。同时，教师还可以发挥自身科研优势，与企业联合攻关关键技术难题，推动科技成果在教学中的转化与应用。这种“走出去”的资源共享模式，有利于实现学校与企业的优势互补，提升人才培养的适应性和前瞻性。

推进校内外资源共享的同时，水利类专业还应注重对现有教学资源的优化整合。一方面，要加强校内各学科之间的协同创新，打破学科壁垒，促进水利与土木、环境、管理等相关专业的交叉融合。通过开设跨学科课程、组建创新团队等方式，鼓励不同专业的师生协作攻关，共同探索水利事业的可持续发展之路。另一方面，要深化与科研院所、行业协会的合作，整合各方优势资源，构建产学研用协同育人平台。依托这一平台，学校可以与合作方联合开展教学科研项目、共建实习实训基地、开发高质量教材等，不断提升教学资源的先进性和实效性。

## 三、产学研结合的水利类师资队伍建设

### （一）提升教师的产学研结合能力

高校应制订教师产学研结合能力提升计划，明确教师参与生产实践和科研活动的目标、内容和考核机制。通过建立合理的奖惩机制，调动教师参与产学研结合的积极性。同时，高校应为教师参与生产实践和科研活动提供必要的时间和经费保障，为其创造良好的工作环境。

高校应开展多种形式的教师培训，提升教师的实践指导能力。一方面，可以利用寒暑假等时间，组织教师到水利企业、工程项目一线进行挂职锻炼，让教师深入生产实践，掌握最新的行业动态和技术应用。另一方面，可以邀请行业专家、技术能手来校开展讲座、工作坊等活动，与教师分享实践经验，传授实用技能。

高校应鼓励教师开展应用性科研，加强科研与教学的结合。教师可以根据水利行业的实际需求，开展针对性强的科研项目，将科研成果及时转化为教学内容，充实和更新课程体系。同时，教师还可以指导学生参与科研项目，在项目实践中提升自身的科研和实践指导能力。

高校还应搭建产学研合作平台，为教师提供与行业企业深度合作的机会。通过共建实习实训基地、联合开发科研项目、联合开展技术攻关等方式，教师可以与企业工程师开展广泛而深入的交流，及时了解行业发展的最新趋势，掌握解决实际问题的技术方法，从而不断地增强实践指导能力。

建立教师实践能力考核评价体系也是提升教师“产学研结合”能力的重要举措。高校应将教师的实践指导能力纳入教师绩效考核和职称评聘的重要指标，激

励教师加强实践锻炼，提高其实践教学水平。同时，还可以组织教学竞赛、教学成果评选等活动，为教师展示实践教学成果提供舞台，营造重视实践教学的良好氛围。

### （二）引进行业专家参与教学

通过邀请行业专家参与课程设计，教师可以与其深入交流，了解行业发展的最新趋势和需求，进而优化课程体系，使教学内容更加符合行业实际。同时，专家还可以分享自己在工程实践中积累的宝贵经验，介绍前沿技术和创新成果，激发学生的专业兴趣和学习热情。在教学过程中，行业专家可以通过讲座、研讨、实地考察等多种形式与学生互动交流，引导其将理论知识与实践应用相结合，提高其分析和解决实际问题的能力。

行业专家的参与还能够为学生提供更多的实习实践机会。通过专家的推荐和指导，学生能够深入行业一线，参与实际工程项目，锻炼动手能力和团队协作精神。这种沉浸式的实践体验不仅能够巩固学生的专业知识，更能培养其职业素养和创新意识，为其未来的职业发展奠定坚实基础。

邀请行业专家参与教学还有利于加强高校与企业、科研机构之间的交流合作。通过专家的牵线搭桥，高校可以与行业领军企业建立长期、稳定的合作关系，实现人才培养与市场需求的无缝对接。这种“产学研”的融合发展模式不仅能够为高校提供更广阔的办学空间，也能为企业输送高质量的专业人才，实现互利共赢。

### （三）师资队伍的跨学科拓展

跨学科师资队伍的建设首先要求教师具备扎实的本学科专业知识和技能。作为水利类专业教师，必须具有深厚的水利学专业理论功底和实践技能，熟悉水利工程规划、设计、施工、运行管理等各个环节。只有在专业领域有所建树，才能在跨学科融合中找准自己的定位，发挥应有的作用。

跨学科师资队伍的建设还要求教师具有开放的学术视野和广博的知识结构。水利工程涉及工程学、环境科学、生态学、经济学、管理学等多个学科领域，教师要主动学习其他相关学科的前沿知识和研究方法，了解不同学科的特点和发展动向。只有具备跨学科的知识储备和思维方式，才能在教学中引导学生突破学科局限，形成多维度、立体化的认知视角。

跨学科师资队伍的建设还需要搭建合作与交流的平台。学校应积极创造条件，鼓励不同学科背景的教师开展对话与合作，组建跨学科教学团队，共同承担教学任务。通过团队教学，教师可以取长补短，优势互补，实现知识的交叉融合。同时，学校还应支持教师参与跨学科研究项目，加强与其他高校、科研院所、行业企业的合作交流，拓宽教师的学术视野和人脉资源。

## 四、产学研结合的水利类校企合作机制

### （一）校企合作协议与平台建设

校企合作平台是校企双方开展深度合作的重要载体。依托合作平台，高校可以将企业引入教学全过程，开展联合人才培养、课程开发、实习实训等活动。企业也可以利用高校的智力资源优势，开展技术研发、成果转化等工作。这种“产学研用”相结合的合作模式，不仅能够提升人才培养质量，而且可以推动行业关键技术攻关和成果应用，实现高校与企业的互利共赢。

在构建校企合作协议与平台时，应注重合作的针对性和实效性。根据水利行业的特点和企业的实际需求，有针对性地设置合作内容和方式，避免“一刀切”和形式化。同时，要建立健全合作绩效评价体系，定期评估合作成效，及时优化和完善合作机制，确保合作朝着既定目标持续深入推进。

校企合作协议与平台建设还应立足长远，着眼于水利人才培养和行业发展的战略需求。既要重视人才的专业能力，也要关注其创新意识、实践能力、职业素养等综合素质的培养。既要服务当前行业发展，也要引领行业未来，培养具有前瞻性思维和开拓创新精神的高层次人才。只有这样，才能使校企合作持续焕发生机与活力，成为水利类专业教育创新发展的内生动力。

### （二）实习实训项目的共同开发

高校与企业共同开发实习实训项目，首先需要建立紧密的合作机制。双方应充分发挥各自优势，在平等互利的基础上达成合作共识，签订合作协议，明确双方的权利和义务。高校要主动对接行业企业，了解其对人才的实际需求；企业要积极参与人才培养过程，为学生提供实习实训的平台和资源。双方要建立常态化的沟通机制，定期召开合作会议，共商人才培养方案和实习实训计划。

在项目开发过程中，高校与企业要充分考虑学生的专业特点和成长需求，合理设置实习实训内容和目标。一方面，项目要紧密结合水利行业的发展前沿和技

术应用，让学生接触到最新的工艺流程、设备仪器和工程案例，提升其专业技能和实践能力。另一方面，项目要体现学生的主体地位，提供充足的自主探索和动手实践的机会，激发学生的创新意识和创造潜能。同时，项目还应注重学生综合素质的培养，如沟通协调能力、团队合作精神等，为其未来职业发展奠定基础。

在项目实施过程中，高校教师和企业导师要密切配合，共同指导学生完成实习实训任务。高校教师要发挥传帮带作用，帮助学生理论联系实际，将所学知识应用到实践中；企业导师要发挥传帮带作用，向学生传授宝贵的实战经验，手把手教授其操作技能。双方教师要加强交流，及时掌握学生的实习实训状况，调整指导策略和方法。对于学生遇到的困难和问题，双方教师要耐心辅导，鼓励其勇于尝试、敢于创新。

实习实训项目结束后，高校与企业还应共同开展项目评估和反馈。一方面，要客观评价学生的实习实训表现，肯定其进步和成绩，指出其不足和改进方向。评价要遵循全面性、发展性原则，既看重学生的专业技能，也关注其职业素养和创新能力。另一方面，高校与企业要共同总结项目实施经验，分析存在的问题和困难，研究改进的措施和办法。双方要以开放包容的心态，虚心听取对方的意见和建议，不断优化项目设计和管理流程，提升项目质量和效果。

高校与企业共建实习实训基地，是共同开发实习实训项目的重要保障。基地建设要体现先进性、实用性和开放性，为学生提供良好的学习和实践环境。在硬件设施方面，基地要配备先进的仪器设备和完善的信息化系统，满足不同专业、不同层次学生的实习实训需求。在软件资源方面，基地要建设企业真实项目库和技术资料库，为学生提供丰富的学习素材和实践案例。在运行机制方面，基地要建立健全管理制度和考核标准，规范实习实训行为，保障实习实训质量。同时，基地要坚持开放办学，面向行业、社会开放，吸引更多的企业参与到人才培养中。

### （三）双向交流与人才培养机制

从企业人才进入高校教学的角度来看，引进具有丰富实践经验的行业专家和技术骨干参与教学工作，能够有效弥补高校教师在工程实践方面的不足。这些行业专家不仅能够传授前沿的专业知识和实用技能，还能以自身的职业素养和创新精神感染学生，帮助其树立正确的职业价值观和就业观。同时，企业专家的授课也有利于推动高校教学内容和方法的改革创新，使之更加贴近水利行业的实际需求，为学生未来的职业发展奠定坚实基础。

从学生赴企业实习的角度来看，校企合作开展实习实训项目，为学生提供在真实工程环境中学习和实践的机会，对于提升其专业技能和就业竞争力具有重要意义。通过深入一线、参与项目实施，学生能够直观地了解水利工程的建设流程、管理模式和技术应用，加深对专业知识的理解和掌握。在实践中，学生还能锻炼自己的沟通协调能力、团队合作意识和创新解决问题的能力，这些都是未来职业发展所必需的核心素质。此外，在企业实习期间，学生还有机会接触到潜在的就业机会，为日后顺利走上工作岗位创造有利条件。

要充分发挥校企双向交流的育人功能，还必须建立健全相关的制度保障和激励机制。一方面，高校应完善企业专家进校授课的选聘、管理和考核评价制度，为其参与教学工作提供必要的政策和经费支持。另一方面，高校还应与合作企业共同制订实习实训计划，明确实习目标、内容、考核等关键要素，确保实习过程的规范有序。同时，也应建立实习导师制，安排企业专业人员和校内教师共同指导学生实习，强化过程管理和绩效评价，提高实习实训的质量和效果。

## 第三节　基于产学研结合的水利类专业人才培养模式探索

### 一、产学研结合的水利类人才培养目标设定

#### （一）设立具有时代意义的人才培养目标

水利行业的转型升级对人才的知识结构提出了更高要求。现代水利工程不再局限于传统的水利工程建设，而是向着智慧水利、生态水利等方向发展。这就要求水利类专业人才不仅要掌握扎实的水利专业知识，还要具备信息技术、生态环保等多学科的知识储备。因此，在人才培养目标的设定上，必须突出复合型、应用型的导向，强调多学科知识的融合和综合运用能力的培养。

水利行业的可持续发展离不开创新型人才的支撑。传统的水利工程建设模式已经难以适应生态文明建设的要求，需要培养一批具有创新意识和创新能力的水利人才，推动行业的绿色转型和高质量发展。这就要求在人才培养目标中，必须重视创新思维和实践能力的塑造，鼓励学生进行探索性学习和研究性实践，提高其发现问题、分析问题、解决问题的能力。

水利行业的国际化发展趋势对人才的综合素质提出了更高要求。随着“一带

一路”建设的深入推进，我国水利企业加快了“走出去”的步伐，参与国际水利工程项目的机会日益增多。这就要求水利类专业人才不仅要具备扎实的专业技能，还要具有全球视野、跨文化沟通能力和国际竞争力。因此，在人才培养目标的设计中，必须加强国际化元素的融入，提高学生的外语水平和跨文化交际能力，培养其全球意识和国际视野。

水利行业的可持续发展离不开高尚职业素养的支撑。水利工程建设事关国计民生，肩负着社会发展和生态文明建设的重任。这就要求水利类专业人才不仅要有过硬的专业技能，还要有高度的社会责任感和职业操守。因此，在人才培养目标的制定中，必须突出价值引领和德育渗透，培养学生的家国情怀、生态意识和诚信品格，引导其树立正确的世界观、人生观和价值观。

### （二）强化创新能力与实践技能的培养目标

#### 1. 创新能力

在水利行业日新月异的发展背景下，创新已经成为推动行业进步的强大动力。因此，在水利类专业人才培养过程中，必须高度重视学生创新意识和创新能力的培养。一方面，学校要在课程设置中加大创新类课程的比重，开设创新思维训练、创意设计等课程，帮助学生开拓创新思维，掌握创新方法。另一方面，教师要在教学过程中广泛采用启发式、探究式教学，鼓励学生质疑问难、勇于创新，在创新实践中提升创新能力。

#### 2. 实践技能

水利工程建设需要大量技术过硬、经验丰富的一线工程技术人员。这就需要在水利类专业人才培养中加强学生实践技能的训练。一方面，要优化实践教学体系，增加实验、实习、实训等实践教学环节，为学生提供充足的动手实践机会。另一方面，要创新实践教学模式，引入项目制、案例制等教学方式，让学生在真实的工程情境中强化实践操作能力，积累实践经验。

#### 3. 构建产学研用协同育人机制

水利类专业教育要主动对接行业企业，建立紧密的产学研用合作关系。通过共建实习实训基地、联合开发课程、聘请业界专家授课等方式，让学生及早接触行业前沿，了解企业需求，在产学研用结合中提升创新实践能力。同时，鼓励学生积极参与教师科研项目、学科竞赛等，在研究性学习中拓宽创新视野，强化实践技能。

### （三）着重可持续发展与社会责任的人才培养目标

当前，我国水资源形势严峻，水资源短缺、水环境污染、水生态退化等问题日益凸显。这些问题不仅威胁着经济社会的可持续发展，也对人民群众的生活质量和身体健康造成了不利影响。因此，亟须培养一支具有可持续发展意识、掌握先进水利技术、勇于承担社会责任的高素质水利人才队伍，为破解水资源难题、推动水利事业高质量发展提供智力支撑和人才保障。

在水利类专业人才培养中，应该将可持续发展理念和社会责任意识作为重要内容，融入教学大纲、课程体系、实践教学等各个环节。一方面，要加强对可持续发展理论知识的系统化教学，让学生深刻认识水资源的有限性和水环境的脆弱性，理解水利工程建设与生态环境保护的辩证关系，确立“节水优先、空间均衡、系统治理、两手发力”的治水方针。另一方面，要创新实践教学模式，通过现场教学、社会实践、志愿服务等多种方式，引导学生走进水利工程建设一线，深入了解水资源管理中面临的实际问题，提高运用专业知识服务社会、造福大众的意识和能力。

在培养过程中，还要注重对学生人文素养和职业道德的塑造。水利工程关乎国计民生，对工程质量和安全有着极高要求。作为未来的水利工作者，学生不仅要具备扎实的专业技能，还要有强烈的责任心、严谨的工作态度和崇高的职业操守。教师要言传身教，通过课堂讲授、专题讨论、典型案例分析等方式，帮助学生树立正确的价值观，激发其投身水利事业的使命感和荣誉感，做到学以致用、诚信为本、专业奉献。

此外，高校还要搭建产学研用协同育人平台，促进人才培养与行业需求的精准对接。通过与水利部门、科研院所、企事业单位建立长期稳定的合作关系，为学生提供参与重大水利工程建设、水资源管理创新的机会，使其在实践中强化可持续发展意识，提升解决复杂水问题的综合能力。同时，鼓励学生把专业所学服务于社区，积极参与节水宣传、水环境治理等社会实践活动，在服务他人、奉献社会的过程中升华责任意识，厚植家国情怀。

## 二、产学研结合的水利类课程体系构建

### （一）开发与行业需求对接的课程体系

开发与行业需求对接的课程体系，具体而言，首先要深入分析水利行业发展

现状和趋势，明确行业对人才知识结构、能力素质的要求。通过与行业企业广泛合作，开展调研走访、座谈交流等活动，全面了解行业需求，为课程体系设计提供依据。其次要加强与行业专家、企业工程师的沟通合作，邀请他们参与课程体系的研究论证和教学指导。借助行业专家的实践经验和前瞻视野，优化课程内容，突出应用导向，提升课程的针对性和实效性。再次要建立健全课程体系动态调整机制，根据行业发展变化和人才需求变动，适时调整课程设置，更新教学内容。最后通过定期评估、跟踪反馈等方式，不断完善课程体系，确保其与行业发展同步。

在课程内容设置上，要注重理论与实践的结合，强化实践教学环节。通过引入工程案例、仿真模拟、现场教学等多种形式，让学生在实践中加深对理论知识的理解，提高分析问题、解决问题的能力。同时，也要加强跨学科知识的融合，培养学生的系统思维和创新意识。针对水利工程建设、运行管理等不同领域，设置相应的专业方向课程，为学生提供个性化、多样化的学习途径。

此外，还要充分利用现代信息技术手段，构建线上线下相结合的混合式教学模式。借助在线课程、虚拟仿真等技术，拓展学生的学习空间和资源，提高教学效率和质量。通过建设专业教学资源库，实现优质教学资源的共享，为学生提供更加丰富、灵活的学习方式。

### （二）融入现代教育理念的课程改革

在课程开发方面，学校应立足水利行业发展需求和人才培养目标，优化课程设置，更新教学内容。一方面，要加强与行业企业的合作，及时将水利科技前沿、工程实践经验引入课堂；另一方面，要突出学生能力培养，合理设置理论课和实践课比例，加大实践教学和创新创业教育的比重。在教学组织实施方面，要充分发挥学生的主体作用，如采用启发式、探究式、参与式等教学方法，激发学生学习兴趣和潜能。引导学生通过自主学习、小组协作、项目实践等方式，主动构建知识体系，提升分析问题、解决问题的能力。

此外，课程考核评价也要与现代教育理念相适应。传统的期末考试往往偏重知识记忆，难以全面评价学生的创新实践能力。因此，应建立多元化考核评价体系，将过程性考核和终结性考核相结合，重视学生在课堂讨论、作业完成、项目实践等环节的表现。同时，还要积极引入评阅、互评、自评等评价方式，促进学生自主学习和同伴互助，提高其总结反思和自我完善的能力。

信息技术的迅猛发展为水利类课程教学改革提供了新的契机。教师应积极利用信息化手段创新教学模式，如开展混合式教学、翻转课堂、慕课建设等。这不仅能够拓展教学时空，丰富教学资源，更能提高教学吸引力和针对性，为学生的个性化学习和自主探究提供支撑。同时，通过在线学习数据分析，教师还能精准把握学生学情，实施因材施教，提高教学的针对性和实效性。

融入现代教育理念的水利类课程教学改革任重道远。它需要广大教师与时俱进，勇于探索创新；需要学校完善配套政策，加大教学改革支持力度；也需要水利行业企业积极参与，形成校企协同育人的良性机制。只有多方合力，持之以恒地推进改革，才能不断地深化水利人才培养内涵，提升人才培养质量，为国家水利事业发展提供坚实的人才支撑。

### （三）构建灵活多样化的选修课程体系

丰富学科交叉模块设置，有助于拓宽学生的知识视野，培养其多学科融合的思维方式。通过开设跨学科选修课程，如工程项目管理、水利经济学、水利工程法规等，可以帮助学生打破学科壁垒，综合运用多学科知识分析和解决水利工程建设中的实际问题，提升其知识的广度和深度。

合理设置选修模块，有利于满足学生个性化发展需求，激发其学习兴趣和专业志趣。水利类专业涵盖水文水资源、水利工程、水利水电等多个专业方向，学生的兴趣爱好和职业规划各不相同。传统的课程体系强调共性培养，缺乏个性化选择的空间。而通过设置不同专业方向的选修模块，学生可以根据自己的特长和志向，有针对性地选择课程，加强对感兴趣领域的探索和研究。这不仅能够促进学生学习积极性的提高，也能为其未来的职业发展奠定基础。

此外，灵活多样化的选修课程体系还能够促进产学研资源的有效整合，提升人才培养的适应性和前瞻性。通过与行业企业、科研院所合作开发选修课程，可以将前沿技术、实际工程案例引入课堂教学，使课程内容更加贴近水利行业发展需求。

## 三、产学研结合的水利类教学方法创新

### （一）导入案例教学法

案例教学法是一种以真实案例为基础，通过师生互动、小组讨论等方式，引导学生主动探究、分析问题、寻求解决方案的教学方法。在水利类专业教学中导入案例教学法，可以有效地将理论知识与实践应用相结合，提高学生分析问题和解

决问题的能力，培养其创新思维和实践技能。

水利工程案例具有典型性、综合性和实践性的特点。通过精心选取具有代表性的水利工程案例，教师可以帮助学生深入理解水利学科的基本原理和设计方法，掌握水利工程规划、设计、施工、运行管理等各环节的关键技术和工作流程。同时，案例中涉及的复杂工程问题，往往需要学生综合运用多学科知识，考虑技术、经济、环境、社会等多重因素来解决，这有利于培养学生的系统思维和决策能力。

在案例教学过程中，教师应充分发挥引导者和协调者的作用，鼓励学生积极参与、主动思考。针对案例中的关键问题，教师可以设计开放性的讨论题目，引导学生从不同角度分析问题的成因，提出可能的解决方案。通过小组合作探究，学生不仅能够相互启发、共同提高，而且能够锻炼团队协作和沟通表达的能力。在讨论过程中，教师应适时点拨，帮助学生梳理思路、拓宽视野，同时引导学生对比不同方案的优缺点，选择最优解决方案。

案例教学法的实施需要教师精心设计教学环节，合理安排时间，把握教学节奏。一般来说，案例教学可以分为案例呈现、小组讨论、方案展示、教师点评等环节。在案例呈现环节，教师要准确、生动地介绍案例的背景信息，吸引学生的学习兴趣。在小组讨论环节，教师要为学生提供必要的引导和帮助，确保讨论聚焦于关键问题。在方案展示环节，教师要鼓励学生清晰、自信地阐述观点，同时引导其他学生提出建设性意见。在教师点评环节，教师不仅要肯定学生的进步和成绩，还要指出存在的不足，帮助学生找出改进的方向。

### （二）实施项目协作教学模式

项目协作教学模式能够有效地促进学生协作能力的提升。在这一模式下，教师可根据教学目标和内容，精心设计贴近水利工程实际的项目任务，并将学生组织成项目团队。学生需要在团队中扮演不同的角色，如项目负责人、技术人员、质量管理人员等，共同承担项目的策划、实施、评估等工作。在协作过程中，学生不仅要运用所学知识和技能解决具体问题，还要与团队成员沟通交流，协调分工，化解矛盾，最终实现项目目标。这种真实情境下的实践锻炼，能够帮助学生深刻理解团队协作的内涵和要义，掌握有效的协作方法和策略。

项目协作教学模式还能够提升学生的项目实施能力。水利工程项目往往周期长、投资大、涉及面广，对项目管理提出了较高要求。通过参与教学项目的全过程实施，学生能够全面了解水利工程项目的特点和规律，深入体验项目管理的方法和工具，锻炼组织协调、进度控制、成本管理、质量把控等综合能力。这不仅有助于巩固学生的理论知识，更能够增强其分析问题、解决问题的实践能力，为未来走向工程一线奠定坚实基础。

项目协作教学模式的实施需要校企深度合作，共同开发工程实践项目。高校应加强与水利行业企业的联系，邀请企业专家参与教学设计和指导，使教学项目更加贴近工程实际。同时，高校还应建设高水平的实践教学平台，如工程实训中心、虚拟仿真实验室等，为学生提供良好的实践条件。企业则要发挥自身的资源和技术优势，为学生实习实训提供场地和项目，并给予必要的指导和支持。校企双方唯有协同发力、深度融合，才能促进产教良性互动，提升人才培养质量。

在实施项目协作教学的过程中，教师要充分发挥引导和帮助的作用。一方面，教师要合理设置项目任务，使其难度和复杂程度与学生的能力水平相适应，既要体现综合性和挑战性，又要避免过度超出学生的认知范围。另一方面，教师要加强过程指导和管理，及时了解学生的项目进展情况，帮助其解决遇到的问题和困惑。对于项目完成质量突出、团队协作表现优秀的学生，教师还应给予鼓励和表彰，以增强其主动性和获得感。

### （三）应用翻转课堂和混合式教学

翻转课堂强调“课前学生自主学习，课中教师引导讨论”的理念，颠覆了传统的“教师讲授为主，学生被动接受”的教学方式。在这一模式下，学生需要在课前通过教师提供的微课视频、电子教材等资源自主学习相关知识，并完成相应的思考题和作业。这一过程不仅能够培养学生自主学习和知识探究的能力，更能激发其学习兴趣和内在动机。而在课堂教学中，教师则通过设计探究性问题、组织小组讨论等方式，引导学生深化对知识的理解，并将其运用到实际问题的分析与解决中。这种师生互动、生生互动的过程，能够显著提高课堂教学的针对性和实效性。

与翻转课堂相比，混合式教学更加注重线上线下教学资源的优化整合和灵活运用。在水利类专业教育中，许多课程涉及大量的工程案例分析、设计计算等实践性环节。单纯依靠线上教学，难以全面培养学生的动手操作能力和工程实践能力。混合式教学则能够很好地弥补这一不足。教师可以在线上平台发布理论知识学习资源，安排自主学习任务；在线下课堂则通过案例教学、项目实践等方式，指导学生将理论运用到实践中。同时，教师还可以利用线上平台的讨论区、在线测试等功能，随时跟踪学生的学习情况，并给予针对性的指导和反馈。这种线上线下相结合的教学模式，能够最大限度地发挥两种教学形态的优势，提供更加个性化、更具实效性的学习体验。

翻转课堂和混合式教学的实施需要教师在教学设计、资源开发、组织管理等方面投入大量的时间和精力。这对教师的信息技术应用能力、课程整合能力提出了更高要求。因此，高校应加强对教师的培训和支持，为其提供必要的硬件设施和技术平台，鼓励其积极开展教学创新。同时，还应建立健全相应的教学质量监控和评价机制，保障翻转课堂和混合式教学的实施质量。

## 四、产学研结合的水利类实践教学环节设计

### (一)设计具有行业特色的实践教学项目

具体而言，设计实践教学项目时应充分考虑水利工程的特点和要求。水利工程建设往往涉及规划、勘测、设计、施工、运行管理等环节，需要培养学生全面、系统的工程实践能力。因此，实践教学项目应覆盖水利工程建设的全过程，包括工程测量、水工建筑物设计、水利工程施工、水资源管理等方面。同时，实践教学还应紧跟水利科技发展，引入现代信息技术、智能化管理等新理念、新方法，使学生及早接触行业发展动向，培养其创新思维和应用能力。

在实践教学形式上，可以采取多样化的项目设计。传统的认识实习、生产实习固然必不可少，但更应注重开展综合性、设计性项目，激发学生主动学习的热情。例如，可以组织学生参与水利工程设计竞赛，完成从方案构思到图纸绘制的全过程；又如，可以开展水利工程模型制作或仿真模拟，加深学生对工程原理、施工工艺的理解；再如，可以引入项目式教学，由学生提出真实的社会需求，组建团队完成调研、规划、设计等环节，提升其工程实践和协作沟通能力。

此外，还应加强实践教学基地建设，为学生提供真实的工程实践环境。学校可以与水利企事业单位开展深度合作，共建校外实践教学基地；也可以在校内实训室引入行业前沿设备，开展虚拟仿真教学，让学生在校内就能接触到模拟的工程案例和项目流程。同时，还应积极聘请行业专家参与实践教学指导，分享行业经验，开阔学生视野，帮助其树立正确的职业价值观。

### (二)实施校企联合的实习实训基地建设

实习实训基地的建设需要校企双方在人才培养目标、课程体系、师资队伍等

方面达成共识，构建长效合作机制。学校应根据水利行业需求，优化专业设置和教学内容，为学生实习实训提供理论指导。企业则要发挥自身的资源优势，为学生创造良好的实践条件，安排经验丰富的工程技术人员担任实习指导教师。双方通过定期交流和互访，共同制订实习实训计划，确保实践教学与理论教学的有机衔接。

在实习实训基地建设过程中，要高度重视学生的工程实践能力培养。基地应围绕水利工程设计、施工、运维等环节，开发针对性强、覆盖面广的实训项目。学生通过参与工程测量、水工建筑物设计、水利工程施工组织与管理等实践，能够将所学理论知识与工程实际相结合，深化对专业知识的理解和运用。同时，也能在实践中锻炼动手能力、解决实际问题的能力，为未来职业发展奠定基础。

完善的实习实训管理制度是保证实践教学质量的关键。学校和企业要建立健全实习实训质量监控体系，制定严格的实习实训大纲、考核评价标准和安全管理规范。对学生的出勤、实习日志、阶段性总结等进行规范管理，强化过程考核和绩效评价。同时，也要加强对实习指导教师的培训和管理，提高其业务水平和教学能力。通过全过程、多维度的质量管控，确保实习实训工作安全、有序、高效开展。

此外，实习实训基地建设还应注重学生工程职业素养的塑造。在实践教学中，引导学生遵守职业道德和行为规范，培养其爱岗敬业、吃苦耐劳、团结协作的职业品质。通过与企业员工的交流互动，学生能够直观感受到水利类就业岗位职业环境和企业文化，增强对水利行业的认同感和归属感。切实提高学生的职业适应能力和就业竞争力。

### （三）加强实践教学的过程管理与质量控制

实践教学过程管理应立足于人才培养目标，科学制订教学计划，合理安排教学内容和进度。教师要深入了解水利行业的实际需求，紧密结合工程实践，设计富有针对性和挑战性的实践项目。同时，也要加强与企业的沟通协作，积极争取行业专家参与实践教学指导，为学生提供真实的工程情境和实践机会。在教学组织实施过程中，教师应采用启发式、参与式的教学方法，鼓励学生主动思考、动手实践，培养其分析问题、解决问题的能力。

实践教学质量控制是一项系统工程，需要建立健全质量监控体系，明确各主体的责任和权限。学校应成立专门的实践教学管理机构，制定完善的质量标准和评价指标，定期开展教学督导和评估。同时，还要建立实践教学信息反馈机制，及时收集学生、教师和用人单位的意见建议，持续优化实践教学方案。在实践教学过程中，教师要加强对学生的过程管理和安全教育，及时发现和解决问题，确保实践教学的有序开展。

此外，实践教学质量控制还应注重学生的主体作用发挥。教师要建立科学的学生评价体系，全面考查学生的知识、能力、素质等方面的表现，引导其端正学习态度，提高学习效率。同时，也要鼓励学生积极参与实践教学改革，搭建师生互动平台，营造良好的实践教学氛围。

# 第三章　基于项目驱动的水利类专业教育模式创新与实践

## 第一节　水利类项目驱动教学法概述

### 一、水利类项目驱动教学法的基本概念

#### (一)项目驱动教学法简述

项目驱动教学法以具体的项目为载体,引导学生在完成项目的过程中主动探究、动手实践,从而获得知识和能力的提升。这种教学方法突破了传统的“教师讲授、学生被动接受”的局限,体现了以学生为中心、注重能力培养的现代教育理念。

在项目驱动教学中,教师不再是唯一的知识传授者,而是学生学习的引导者和协助者。教师根据教学目标和学生特点,精心设计富有挑战性和实践性的项目任务,为学生提供探索和创新的平台。学生则成为学习的主人,他们通过分析问题、制订计划、开展研究、动手操作等一系列环节,在“做中学”中掌握知识、培养能力。这种学习方式不仅激发了学生的兴趣和热情,更促进了其自主学习、创新实践等关键能力的养成。

项目驱动教学法的核心在于项目的选择和设计。一个好的项目应该具有明确的目标、合理的难度、充足的资源支持,能够引导学生综合运用所学知识,提升其分析问题、解决问题的能力。同时,项目还应体现教学内容的针对性和实用性,与学生的生活实际和未来发展相结合,增强学习的意义感和获得感。

在实施过程中,项目驱动教学往往采用小组合作的形式,鼓励学生通过团队的力量共同完成任务。小组成员之间的讨论交流、分工协作,不仅有助于知识的内化和迁移,更锻炼了学生的表达能力、组织协调能力,培养了其团队意识和协作精神。教师则通过跟踪指导、提供反馈等方式,引导学生不断反思改进,优化方案,以更高的标准要求自己。

项目驱动教学法的优势在于,它将知识的学习与实际应用紧密结合,突破了理论与实践脱节的壁垒。学生在项目实践中,不仅巩固了课堂所学,更学会了如

何将知识迁移到新的情境，解决现实问题。这种学以致用的能力，正是当前社会发展对人才的核心要求。可以说，项目驱动教学是培养创新型人才的有效途径。

### （二）项目与教学法融合

从知识层面来看，项目驱动教学法能够帮助学生建立起完整、系统的水利学科知识体系。传统的水利类课程教学往往以理论讲授为主，学生被动接受知识，难以将零散的知识点融会贯通。而在项目驱动教学中，学生需要运用所学知识解决实际工程问题，在项目实施过程中主动探索知识之间的内在联系，加深对水利原理、设计方法等核心知识的理解。同时，面对复杂的工程情境，学生还需要跨学科整合知识，拓宽专业视野，形成宏观的水利工程思维方式。

从能力层面来看，项目驱动教学法是培养学生工程实践能力的有效途径。水利工程具有规模大、周期长、涉及面广等特点，对从业人员的实践操作能力提出了较高要求。在项目驱动教学中，学生通过参与真实或仿真的工程项目，可以全面锻炼工程设计、施工管理、运行维护等各环节的专业技能。这种“干中学”的方式不仅能够提高学生运用专业知识解决实际问题的能力，更能够培养其严谨细致的工作作风和吃苦耐劳的职业品质。此外，在项目团队协作过程中，学生的组织管理、沟通表达等社会能力也能得到锻炼和提升。

从创新意识层面来看，项目驱动教学法有利于激发学生的创新潜能。在传统教学模式下，学生习惯于按照既定思路和程序开展工作，容易形成思维定式，缺乏创新动力。而项目驱动教学为学生提供了一个相对开放、自主的学习情境，鼓励其打破常规，探索多种解决方案。面对项目中的新问题、新挑战，学生需要发散思维、创造性地运用知识，在尝试和失败中不断积累经验，提升创新能力。这种宝贵的学习体验，将为学生未来从事创新性工作奠定基础。

## 二、水利类项目驱动教学法的理论基础

### （一）教育理念的转变

从知识传授到能力培养的转变，是教育理念更新的核心所在。传统教育过于重视知识的灌输，忽视了学生自主学习和实践应用能力的培养。而现代教育理念认为，知识的获得只是教育的一个方面，更重要的是培养学生运用知识分析问题、解决问题的能力。这就要求教师在教学过程中，不仅要传授系统、扎实的理论知

识，更要引导学生主动思考，鼓励其动手实践，在“做中学”中提升综合素质。例如，在水利类专业教学中，教师可以设计一些实际工程案例，让学生分组讨论、设计方案，通过角色扮演、情景模拟等方式，将理论知识与实践应用相结合，增强学生的专业技能和创新意识。

教育评价标准的转变也是能力培养理念的重要体现。传统的评价方式以考试成绩为主，注重结果而忽视过程。这种评价模式容易导致学生应试心理的形成，片面追求分数而忽视能力的提升。现代教育评价强调全面性和发展性，注重对学生学习过程的考查，关注其知识、能力、情感、态度等多维度的表现。这就要求教师采用多元化的评价方式，将诊断性评价、过程性评价和终结性评价相结合，全面、客观地评估学生的发展状况。例如，在水利类专业课程评价中，教师可以通过学习笔记、课堂表现、实践操作、项目报告等多种形式，综合评定学生的学习效果，引导其重视能力的提升和素质的培养。

教育理念的转变还体现在师生关系的重构上。传统的师生关系以教师为中心，强调教师的权威地位，学生处于被动接受的地位。而现代教育理念强调师生平等、民主，倡导教师与学生之间的双向互动和交流。教师不再是高高在上的“传道者”，而是学生学习的引导者、合作者和促进者。这种新型师生关系有利于营造良好的教学氛围，激发学生的学习兴趣和主动性。例如，在水利类专业教学中，教师可以采用启发式、探究式的教学方法，鼓励学生提出问题、表达观点，营造平等、开放的课堂氛围。同时，教师还可以与学生一起参与科研项目、社会实践等活动，在共同探索、合作学习中增进师生感情，提升教学效果。

### （二）现代教学理论支撑

建构主义学习理论强调学生是知识意义的主动建构者，而不是被动的接受者。这一理念与项目驱动教学法的核心思想不谋而合。在项目驱动的教学过程中，学生通过主动参与项目实践，在与环境的互动中建构起自己的知识体系。他们需要运用已有的知识和经验，通过探索、实验、讨论等方式，发现问题，分析问题，解决问题，从而实现知识的内化和升华。这一过程不仅促进了学生对水利专业知识的深入理解，更锻炼了其独立思考、动手实践的能力。

发展心理学的相关理论也为项目驱动教学法的实施奠定了基础。根据皮亚杰的认知发展理论，大学阶段的学生已经进入形式运算阶段，具备了抽象思维和逻辑推理的能力。这为开展复杂的水利项目实践提供了必要的认知基础。而维果茨基的“最近发展区”理论则强调，教学活动应该超越学生的现有发展水平，创设适度的困难和挑战,以促进其认知能力的提升。项目驱动教学法正是遵循这一原则,精心设计富有挑战性的项目任务,激发学生的探究欲望,引导其在解决问题的过程中不断突破自我,实现能力的跃升。

项目驱动教学还十分注重学生的情感体验和价值观塑造。布鲁纳的发现学习理论指出,学习的过程应该是一个主动探索、独立发现的过程。这种学习方式不仅能够激发学生的学习兴趣,更能培养其求知欲和创新精神。在水利项目实践中,学生常常需要面对复杂的现实问题,运用所学知识进行创造性解决。这一过程不仅锻炼了学生的专业技能,更塑造了其敢于探索、勇于创新的科学精神和家国情怀。马斯洛的需要层次理论也表明,高层次的需要如尊重和自我实现需要,对于个体的全面发展至关重要。项目驱动教学通过赋予学生项目主导权,激发其主人翁意识,满足了学生的尊重需要。而在项目实施过程中取得的成就感,则进一步满足了学生的自我实现需要,使其在学习中获得了充实感和幸福感。

## 三、水利类项目驱动教学法的教学特点

### (一)以学生为中心与主动学习

在项目驱动教学中,教师不再是简单的知识传授者,而是学习过程的组织者、引导者和协作者。教师需要精心设计项目任务,为学生提供丰富的学习资源和支持服务,营造民主、平等、和谐的师生关系,鼓励学生大胆质疑、勇于创新。通过引导学生主动参与项目实践,教师能够帮助其建构起完整的知识体系,提升分析问题、解决问题的综合能力。

与此同时,学生也从被动的知识接受者转变为学习过程的主人。在项目驱动教学中,学生需要主动思考项目任务,制定解决方案,开展自主探究。这一过程不仅能够促进学生对所学知识的内化和理解,还能锻炼其自主学习、团队协作、批判性思维等关键能力。通过参与具有挑战性的水利项目,学生能够体验专业知识在实践中的运用,提升专业素养,为未来的职业发展奠定坚实基础。

学生主动探究能力的培育是一个循序渐进的过程,需要教师因材施教,注重个性化指导。教师应充分了解每个学生的学习特点和能力水平,为其提供适合的项目任务和学习支持。对于基础较弱的学生,教师可以给予更多的启发和引导;对于学有余力的学生,教师则可以设置更具挑战性的任务,激励其不断进步。

此外,营造开放、包容的课堂氛围也是培养学生主动探究能力的重要前提。

教师应鼓励学生畅所欲言，表达自己的观点和疑惑；同时，教师也要虚心接纳学生的意见和建议，与学生平等交流，共同探讨项目实施中遇到的问题。这种民主、互信的师生关系，能够消除学生的畏难情绪，增强其主动探究的信心和勇气。

### (二)项目实施的灵活性与实用性

在项目选题上，教师会充分考虑水利行业的实际需求和学生的兴趣爱好，选择贴近工程实践、富有挑战性的项目，激发学生的学习动机。例如，针对水利工程专业的高年级学生，教师会设计水利枢纽工程规划、设计与管理等综合性项目；对于低年级学生，则会设计一些水利工程测量、制图等基础性项目。这种因材施教的做法，既符合学生的认知发展规律，又能满足其多样化的学习需求。

在项目实施过程中，教师会根据项目的进展情况和学生的接受能力，及时调整教学策略和方法。例如，当学生遇到技术难题时，教师会及时提供指导和帮助；当学生完成阶段性任务后，教师会组织开展经验交流和成果展示，增强学生的成就感。这种灵活的教学组织形式，有利于营造民主、平等、互助的学习氛围，调动学生参与项目实施的积极性。

在项目考核评价环节，水利类项目驱动教学法也体现出较强的灵活性。与传统的期末考试不同，项目驱动教学更加重视过程性评价，通过学生在项目实施过程中的表现，全面考查其知识应用能力、实践操作能力、团队协作能力等。同时，教师还会采用多元化的评价主体，邀请行业专家、校企导师参与考核，提供多维度的评价反馈。这种灵活的考核评价机制，既能全面评估学生的综合素质，又能为其未来的职业发展提供有益参考。

除了灵活性，水利类项目驱动教学法的实用性也是其突出优势。在教学设计中，教师会紧密结合水利行业的实际需求，选择具有较强应用价值的项目，引导学生运用所学知识解决实际问题。例如，在水利工程设计课程中，教师会设计农田水利工程、城市防洪工程等实际项目，要求学生完成工程规划、方案设计、施工组织等任务。通过参与这些实践项目，学生不仅能够深化对理论知识的理解，还能锻炼工程实践能力，为未来走上工作岗位奠定坚实基础。

水利类项目驱动教学法还注重培养学生的创新意识和创业精神。在项目实施过程中，教师会鼓励学生发散思维，提出新颖的解决方案；同时，还会引导学生关注水利行业的前沿动态，了解市场需求，培养其创业意识。例如，教师会设计一些水利工程咨询、水利设备研发等创新创业项目，鼓励学生组建团队，开展市场调研，撰写商业计划书。这些项目不仅能够激发学生的创新热情，还能帮助其树立正确的就业观和职业观。

## 四、水利类项目驱动教学法的实施步骤

### (一)项目选题与设计

在项目选题时,教师需要充分考虑水利行业的发展需求和学生的兴趣特点。一方面,选题应紧密结合水利工程建设与管理的实际,涵盖水工建筑物设计、水资源配置、水环境治理等领域,让学生通过项目实践熟悉行业前沿动态,培养专业素养。另一方面,选题还应兼顾学生的认知水平和个性特点,为其提供展示才能、发挥创意的平台。教师可以通过问卷调查、面谈交流等方式深入了解学生需求,据此设计既富有挑战性又切合实际的项目任务。

在项目设计中,教师应注重项目内容的完整性和针对性。完整性是指项目应包含明确的研究目标、具体的实施方案、可行的评价标准等关键要素,覆盖水利工程设计与施工的全过程。针对性则要求项目内容与课程教学目标相契合,重点突出水利类专业知识和职业技能的训练。例如,在进行水闸工程设计项目时,教师可将其分解为选址勘测、方案比选、工程计算、图纸绘制等子任务,分阶段指导学生完成设计全过程,从而系统掌握水工建筑设计的基本理论和方法。又如,在组织农田水利工程施工项目时,教师应强调施工组织、质量控制、安全管理等环节,引导学生在动手实践中强化专业意识,提高管理技能。

教师还应充分考虑项目实施的可操作性,合理控制项目规模和难度。一般而言,项目周期应控制在1—2个月,既要为学生预留足够的探索时间,又要避免过于冗长而导致学习动力流失。同时,项目设计应包含多层次、开放性的任务,鼓励学生从不同角度提出解决方案,在头脑风暴和集体讨论中集思广益、凝练优化,以更好地适应学生的个体差异。

### (二)项目实施与监督

项目实施阶段,教师应根据项目计划,有序组织教学活动,引导学生开展实践探究。在这一过程中,教师要充分发挥“导演”的作用,既要为学生提供必要的资源和技术支持,又要给予适度的自主空间。学生作为项目实施的主体,需要主动调动已有知识和经验,运用创新思维解决实际问题。通过亲身参与项目实践,学生能够将理论知识内化为实践能力,深化对水利专业知识的理解,提升综合运用能力。

为了保证项目实施的质量和进度,教师还需要加强过程监督和指导。这既包括对项目关键节点的把控,也包括对学生实践活动的跟踪与评估。教师要及时了解项目进展情况,发现并解决实施过程中的问题,必要时还要调整项目方案。同时,教师也要重视学生的反馈意见,鼓励其反思总结,不断优化自己的学习方法和策略。通过这种互动交流,教师和学生能够形成良性互动,共同推动项目顺利完成。

项目实施和监督还应注重培养学生的团队协作意识。水利工程项目往往涉及多个专业和部门,需要团队成员之间的紧密配合。在项目驱动教学中,教师要合理设置团队任务,引导学生明确角色分工,学会沟通、协调、合作。在团队协作中,学生不仅能够互相启发、取长补短,也能锻炼组织管理能力、提升职业素养。这些宝贵的团队经验,将成为学生未来职业发展的重要财富。

项目成果的展示和评价也是实施与监督的重要内容。教师要为学生提供展示平台,鼓励其通过多种形式呈现项目成果,如实物展示、汇报演讲、专题讨论等。成果展示不仅能够增强学生的成就感,激发其学习热情,也能促进学生之间的交流互鉴,扩大项目教学的影响力。对于项目成果,教师要给予客观、全面的评价,既要肯定学生的进步和创新,也要指出存在的不足,帮助学生查漏补缺,进一步提升项目质量。

## 第二节 基于项目驱动的水利类专业教育模式的设计与实施

### 一、水利类项目选题与任务分配

#### (一)项目选题依据与原则

科学、合理的项目选题不仅能够为学生提供真实的工程情境,提升其分析问题、解决问题的实践能力,更能引导学生将所学理论知识与工程实际相结合,加深对专业知识的理解和掌握。因此,项目选题必须紧密围绕水利类专业教育目标,充分考虑项目的典型性、综合性和应用价值,确保项目与专业方向的高度契合。

具体而言,项目选题应遵循以下基本原则。一是专业相关性原则。所选项目要与水利工程、水文水资源、农业水利等专业领域密切相关,能够覆盖专业核心课程的主要知识点，并体现学科前沿动向和发展趋势。二是实践价值原则。项目需具有明确的工程应用背景，能够反映真实的水利工程案例和实践问题，为学生提供动手实践、培养工程意识的机会。三是难度适宜原则。项目难度要与学生的知识基础和认知水平相匹配，难度梯度设置合理，让学生在现有知识架构的基础上获得新的突破和提升。四是时效性原则。鼓励选取与水利行业热点问题、区域发展需求相结合的项目，使教学内容紧跟时代步伐，提升人才培养的针对性和适应性。

在遵循上述原则的基础上，教师还应充分发挥自身的专业特长和实践经验，积极开发富有创新性和挑战性的项目。一方面，可以整合校企合作资源，引入水利企业的真实工程项目，让学生参与到工程设计、施工管理等实践环节中，提升其就业竞争力。另一方面，教师也可以将自己承担的科研项目转化为教学项目，引导学生开展探究性学习，培养其发现问题、研究问题的科学素养。同时，还要鼓励学生立足专业视角，主动提出项目设想，激发其创新意识和创业精神。

### (二)任务分配策略

任务分配应遵循因材施教的原则，根据学生的知识基础、学习风格、兴趣爱好等进行针对性设计。对于基础较好、学习能力较强的学生，可以适当增加任务难度和挑战性，给予其更多自主探索和创新的空间；而对于基础薄弱、学习有困难的学生，则应降低任务要求，加强指导和帮助，引导其循序渐进地掌握专业知识和技能。同时，教师还应关注学生的心理特点和接受程度，避免因任务过难或过重而打击其学习积极性。

在实际操作中，教师可以采取分组协作的方式进行任务分配。通过合理搭配不同专业背景和能力水平的学生，促进优势互补、资源共享，既能够提高项目完成质量，又能锻炼学生的团队协作能力。在分工时，要充分考虑每个学生的专业特长，让其发挥所长、各展所能。例如，水工专业的学生可以负责水工建筑物设计，水资源专业的学生可以负责水资源调度方案制定，水利经济专业的学生则可以评估项目的经济可行性。通过科学的任务分工，学生能够将所学专业知识运用到实践中，加深对理论的理解，提升解决实际问题的能力。

任务分配还应兼顾学生的全面发展，适当拓宽任务的覆盖面。除了聚焦学生的专业能力，也要重视培养其创新意识、批判性思维、沟通表达等通用能力。可以适当设置一些开放性、探究性的任务，鼓励学生跨学科、跨领域思考问题，提出创新解决方案。同时，还可以通过任务完成过程中的讨论、汇报等环节，锻炼学生的语言表达和逻辑思辨能力，为其今后的学习和职业发展奠定良好基础。

### （三）跨专业协作的实施

1. 跨专业协作有利于拓宽学生的知识视野，提升其综合素质

通过与不同专业的学生合作完成项目任务，水利专业的学生能够接触到经济学、管理学、生态学等多个学科领域的知识，了解水利工程建设的社会经济影响、生态环境效应等问题。这不仅有助于学生构建起完整的知识体系，更能够培养其全局观念和系统思维能力。同时，在与其他专业学生的交流互动中，水利专业学生还能够锻炼沟通表达、团队协作等关键能力，增强适应社会、服务社会的本领。

2. 跨专业协作有利于促进水利类专业教育的创新发展

不同专业背景的学生聚集在一起，思维的碰撞往往能够产生创新的火花。他们可以从各自的专业视角出发，对水利工程项目提出新颖的设计方案和解决途径。这种跨界思维能够有效突破传统水利教育的局限，激发学生的创新潜能。与此同时，来自其他专业的学生对水利工程的新理念、新方法也能够为其注入新的活力，推动水利类专业教育的与时俱进。

3. 跨专业协作有利于实现水利人才培养与社会需求的精准对接

现代水利工程项目往往涉及投资、运营、管理等诸多环节，需要复合型、应用型人才的参与。而跨专业协作正是培养这种人才的有效路径。通过参与真实的水利工程项目，学生能够将所学知识与实践相结合，深入了解水利行业发展现状和未来趋势。这不仅能够帮助其进行职业生涯规划，也能够使人才培养更加贴近市场需求，为学生未来就业创业奠定坚实基础。

## 二、水利类项目驱动教学的课程设计

### （一）课程设计原则

课程设计以项目需求为导向，就是要根据水利工程项目的实际需要来设置教学内容和教学目标。水利工程涉及水文、水资源、水工建筑、水利经济等领域，具有综合性强、实践性强的特点。因此，在设计课程时，教师要深入分析水利工程项

目的技术需求、管理需求和创新需求，提炼出与之相对应的关键知识点和关键能力点，并将其转化为具体的教学内容。同时，还要注重教学内容的前沿性和先进性，紧跟水利科技发展步伐，适时引入新理论、新技术、新方法，使学生能够掌握最新的专业知识和技能。

理论与实践相结合是项目驱动教学的基本原则。水利类专业课程不能仅停留在理论层面，更要注重理论知识在实践中的应用。因此，在课程设计中，要合理设置理论教学与实践教学的比例，加大实践教学的力度。可以通过案例分析、现场参观、实验操作、项目实训等多种形式，让学生在实践中加深对理论知识的理解，提高分析问题、解决问题的能力。此外，还可以邀请企业工程师、项目管理专家等参与课程教学，传授工程实践经验，拓宽学生视野。理论与实践的有机结合，能够帮助学生建立起完整的知识体系，培养其工程实践能力和创新意识。

在教学组织形式上，项目驱动教学更加强调学生的主体地位和教师的引导作用。传统的灌输式、填鸭式教学已经不能满足学生自主学习、主动探究的需求。因此，在课程设计中，要注重调动学生的学习积极性，为其提供自主学习、合作学习的平台。可以采用小组协作、项目研讨、成果展示等多种形式，鼓励学生自主设计方案，开展探究性学习。教师则要转变角色，从知识的传授者转变为学习的引导者、促进者，为学生提供必要的指导和帮助。在项目实施过程中，教师要加强过程管理和质量监控，引导学生按照项目要求开展工作，确保项目按时、高质量完成。学生通过参与完整的项目工作过程，能够全面锻炼技术能力、管理能力、沟通能力和团队协作能力。

### (二)课程内容的结构布局

在课程内容的结构布局中，教师需要深入分析水利工程项目的各个环节，梳理其中涉及的关键知识点和技能要求，进而将课程内容划分为若干个互相关联、循序渐进的学习模块。每个模块都应围绕特定的工程任务或问题展开，融合相关的理论原理和实践方法，使学生能够在完成项目的过程中掌握专业知识、提升实践能力。

具体而言，水利类项目驱动教学的课程内容可以分为以下主要模块。首先是水利工程基础知识模块，涵盖水文学、工程水文学、水力学、工程流体力学等学科的基本原理和计算方法，为后续的专业学习奠定理论基础。其次是水利工程规划与设计模块，引导学生运用所学知识，完成水利工程的规划布局、工程设计等任务，培养其工程设计和决策能力。再次是水利工程施工技术模块，重点讲授水利工程施工的各项关键技术，如土石方施工、混凝土浇筑、钢结构安装等，并通过实际案例与实习实践，提高学生的动手操作技能。最后还应设置水利工程管理与运营模块，帮助学生掌握水利工程项目管理、工程质量控制、安全管理、运行维护等方面的知识和方法，强化其工程管理意识和综合素质。

在每个模块的教学设计中，教师都应围绕具体的工程项目，精心设计教学内容和教学活动。一方面，要根据项目任务的需要，有针对性地选取教学内容，突出重点、难点和应用要点，避免陷入理论知识的泛滥和堆砌中。另一方面，要创设逼真的工程情境，引入真实的工程案例和数据，设计探究性、创新性的项目任务，调动学生主动思考和动手实践的积极性。同时，教学内容的呈现方式也要力求新颖多样，充分利用信息化教学手段，采用线上线下相结合的混合式教学模式，为学生提供丰富的学习资源和自主学习的平台。

课程资源的配置是保证项目驱动教学顺利实施的重要基础。教师应根据水利工程项目的实际需求，整合优质的教学资源，包括工程设计图纸、施工现场视频、规范标准文本、行业专家讲座等，为学生营造身临其境般的学习氛围。同时，学校还应与水利行业企业建立密切联系，引入企业的真实项目和技术资源，聘请工程技术人员担任兼职教师，开展校企联合教学，让学生在实践中强化专业技能，缩短学校教育与职业要求的差距。

### （三）课程资源与材料的配置

在水利类专业教学中，教师应充分利用现有的教学资源，并积极整合最新的行业资料，为项目驱动教学提供丰富、真实、有效的支撑。这不仅有助于提升教学内容的针对性和实用性，更能够增强学生解决实际工程问题的能力，使其成为适应新时代要求的高素质水利人才。

现有教学资源是开展项目驱动教学的基础。水利类专业经过多年的发展，已经积累了大量优质的教学资源，如教材、案例、实验平台等。教师应深入挖掘这些资源的价值，将其与具体项目紧密结合，设计出富有吸引力和挑战性的教学内容。例如，在水利工程设计课程中，教师可以选取经典的水利工程案例，引导学生分析其设计思路、技术路线、关键节点等，并以此为基础，提出项目任务和要求。学生通过完成这些任务，能够更深入地理解水利工程设计的原理和方法，提升自身专业素养和实践能力。

整合最新行业资料是提升项目驱动教学有效性的关键。水利行业发展日新月异，新技术、新工艺、新标准层出不穷。为了使教学内容与行业发展同步，教师必须主动搜集和整合最新的行业资料，并将其转化为适合教学的形式。例如，在水利工程施工课程中，教师可以收集近年来国内外重大水利工程的施工资料，如施工组织设计、技术方案、质量控制措施等，组织学生进行分析和讨论。通过这种方式，学生能够了解水利工程施工的最新动态和发展趋势，掌握先进的施工技术和管理方法，增强解决实际问题的能力。

教师还应注重教学资源的系统化和模块化配置。项目驱动教学涉及多个环节和领域，需要各类教学资源的有机配合。教师应根据教学目标和项目需求，将教学资源进行系统梳理和模块化设计，形成相互支撑、紧密联系的资源体系。例如，在水利工程管理课程中，教师可以将工程项目的可行性研究、方案设计、施工管理、运行维护等内容划分为不同模块，并针对每个模块配置相应的教学资源，如理论知识、案例分析、实践指导等。学生通过完成各个模块任务，能够系统掌握水利工程管理的各个环节，培养全局观念和综合能力。

## 三、水利类项目实施过程中的指导与监督

### (一)教师角色与指导方式

作为项目导师，教师首先要精心设计项目任务，把握项目的难度和深度。一方面，项目任务应紧密结合水利行业的实际需求和发展前沿，具有鲜明的应用导向和时代特征；另一方面，项目难度要适中，既要体现水利专业知识的综合运用，又要考虑学生的认知基础和接受能力。只有合理设置项目目标和要求，才能调动学生参与的积极性，实现项目驱动教学的预期效果。

在项目实施过程中，教师要转变以往“主导者”的身份，充分尊重学生的主体地位。一方面，教师要给予学生独立思考和自主探索的空间，鼓励其大胆质疑、勇于创新；另一方面，教师要为学生提供及时的指导和帮助，引导其厘清思路、突破难点。这种启发式、互动式的教学方式有利于培养学生分析问题、解决问题的能力，激发其内在的学习动力。

为了提高项目教学的针对性和实效性，教师还应根据学生特点和项目需求，灵活采取多元化的指导方式。例如，针对基础薄弱的学生，教师可以通过面对面辅导、在线答疑等方式给予重点关注；针对不同学习风格的学生，教师可以采取视频教学、案例分析、现场演示等差异化的指导策略。同时，教师还要注重将理论指导与实践指导相结合，引导学生将所学知识运用到实际项目中，通过在“做中学”

提升专业技能和实践能力。

此外，教师还应发挥“引路人”的作用，帮助学生拓宽专业视野、规划职业发展。一方面，教师要积极引入水利行业的前沿动态和实践案例，开阔学生眼界，培养其创新意识；另一方面，教师要结合自身的从业经历和学校资源，为学生提供实习实践、就业创业等方面的指导，助力其成长成才。

### （二）学生自主性与责任担当的培养

在水利类项目驱动教学中，教师应充分尊重学生的主体地位，给予其充分的自主权。例如，在项目选题阶段，教师可以提供多个与水利专业相关的项目方向，鼓励学生根据自己的兴趣和特长进行选择。在项目实施过程中，教师应避免过多干预，而是通过适时的引导和点拨，激发学生的内在动机，调动其主动性和创造性。同时，教师还应鼓励学生自主设计实验方案，开展开放性探究，培养其发现问题、分析问题、解决问题的能力。

项目驱动教学还应重视培养学生的责任意识。在团队协作过程中，每个学生都应明确自己的角色和任务，勇于承担责任，积极配合他人。教师可以通过合理分工、明确任务目标等方式，引导学生增强责任心和责任感。例如，在水利工程设计项目中，教师可以为学生分配不同的设计任务，如水工建筑物设计、水文计算、工程造价估算等，要求学生按时保质完成任务，并对成果负责。通过这种方式，学生不仅能够体会到团队协作的重要性，更能锻炼其勇于担当责任的品格。

项目驱动教学还应注重培养学生的反思能力和自我评价意识。在项目完成后，教师应引导学生对整个过程进行回顾和总结，评估自己的表现和不足，思考改进的方向。这种反思和自评的过程，不仅能够帮助学生及时发现和纠正错误，更能促进其自主学习能力的提升。通过不断的自我反思和调整，学生能够逐步掌握学习的主动权，成为真正意义上学习的主人。

### （三）项目监督机制

从制度设计层面来看，项目监督机制应建立在精准把控项目进度、全面评估项目质量的基础之上。教师需要根据项目特点和教学目标，制订合理的进度计划和质量标准，明确各阶段的任务目标、完成时限和考核指标。同时，还要建立科学的绩效评价体系，通过定性与定量相结合的方式，全面考查学生在项目执行过程中的表现和成果质量，并将考评结果与学生学业成绩挂钩，以此调动学生参与的积极性和主动性。

从实施路径层面来看，项目监督机制应注重过程管理与结果导向的有机结合。在项目实施过程中，教师要加强动态跟踪和定期检查，通过召开阶段性汇报会、开展实地考察等方式，及时掌握项目进展情况，发现和解决存在的问题。针对出现的共性问题，教师还应组织经验交流会，促进学生之间的互帮互学。对于项目成果，教师则要开展严格的验收评审，通过答辩、报告、展示等多种形式，考查学生的研究能力、实践水平和创新意识。对于达不到质量要求的项目成果，教师要及时反馈、督促整改，确保项目圆满完成。

从保障措施层面来看，项目监督机制的建立还需要完善的人力资源管理与配套激励政策。一方面，学校应选拔责任心强、业务精湛的教师担任项目导师，建立健全的导师管理与考核机制。同时，还要为教师开展项目指导提供必要的资源支持，如减轻工作量、提供经费保障等。另一方面，学校还应制定科学合理的学生激励政策，对于在项目实施中表现突出的个人和团队给予表彰和奖励，以充分调动学生参与项目、投入实践的积极性。

## 第三节　基于创新项目的水利类专业教育模式的风险评估与管理

### 一、水利类创新项目风险评估指标体系

#### (一)风险评估指标体系的构成要素

从宏观层面来看，风险评估指标体系应包括技术风险、管理风险、市场风险、政策风险等方面的内容。技术风险主要涉及创新方案的可行性、关键技术的突破、实验与试验的安全性等；管理风险聚焦于项目组织架构、人员配备、进度控制、成本管控等；市场风险强调市场需求变化、竞争对手动向、产品推广效果等；政策风险则关注国家法律法规调整、行业标准变更、地方政府支持力度等。只有对这些风险因素进行系统梳理和科学评估，才能准确地把握项目面临的挑战和不确定性。

从微观层面来看，风险评估指标体系还应结合水利类创新项目的特点，设置具有针对性和操作性的评价指标。例如，在技术风险方面，可以设置创新方案成

熟度、关键技术攻关难度、实验安全防范措施等指标；在管理风险方面，可以设置项目组织结构合理性、团队成员专业匹配度、进度计划可达性、成本预算准确性等指标；在市场风险方面，可以设置目标市场容量、用户需求满意度、竞品替代威胁等指标；在政策风险方面，可以设置政策法规符合性、行业标准适应性、地方政府支持稳定性等指标。通过细化和量化这些指标，风险评估的精准性和有效性能得到有效保障。

此外，风险评估指标体系的构建也应遵循一定的原则。首先是全面性原则，要从多维度、多层次对风险因素进行考量，不遗漏任何重要风险点；其次是关联性原则，要注重分析各风险因素之间的相互影响和传导机制，揭示风险事件的复杂性和连锁性；再次是动态性原则，要根据内外部环境的变化适时调整指标体系，保持其与项目实际相适应；最后是可操作性原则，设置的风险评估指标要简单易懂、易于采集量化，确保评估过程高效、评估结果可信。

### (二)风险评估指标体系的科学制定方法

风险评估指标体系应具有全面性和针对性。水利类创新项目涉及技术、经济、管理等方面，风险因素错综复杂。因此，指标体系必须涵盖项目实施过程中的各个环节和领域，包括可行性研究、方案设计、施工建设、运行管理等，既要体现共性风险，又要突出水利项目的特殊性风险。同时，指标选取应与项目特点和管理需求相适应，避免指标冗余。

指标体系应遵循科学性和可操作性原则。指标的设置要建立在全面调研和科学论证的基础之上，尊重水利工程的客观规律，符合行业标准和管理实践。指标内涵应明确具体，易于理解和把握；指标数据应便于采集和量化，具有可比性和敏感性。通过专家咨询、实地考察、案例分析等方式，不断修正和完善指标设计，提高指标质量和可靠性。

指标体系应兼顾定性与定量分析。定性指标主要借助专家经验和主观判断，评估项目的宏观风险和综合影响；定量指标侧重运用数学模型和计算方法，测度具体风险事件的发生概率和损失程度。二者相辅相成、互为补充。在构建指标体系时，既要重视专家意见的归纳提炼，也要注重数据资料的分析挖掘，需要将二者有机结合，形成多元化的评估视角和方法，提高风险评估的科学性和准确性。

构建指标体系还应坚持动态优化的理念。水利工程项目具有周期长、外部环境复杂多变的特点，项目风险也处于动态演变之中。因此，指标体系必须与时俱进，根据实践反馈和外部变化及时进行调整完善。通过跟踪监测指标运行情况，分析指标的有效性和局限性，不断修订指标内容，优化指标权重，增强指标体系对风险变化的适应性和敏捷性，使其始终保持旺盛的生命力。

### （三）风险评估指标体系的有效应用

构建完善的风险评估指标体系只是第一步，如何在实践中有效应用这一体系，才是风险管理的关键所在。首先，要根据项目特点选择恰当的评估方法。定性与定量评估相结合，静态与动态评估相结合，能够更加全面、准确地揭示风险状况。其次，评估过程要充分吸收专家意见和一线人员的实践经验，提高风险识别的针对性和评估结果的可信度。最后，评估结果要及时反馈，与项目决策紧密结合。识别出的风险要制定针对性控制措施，评估结果要为资源配置、进度安排等提供依据。

风险评估指标体系应用的成败，很大程度上取决于参与主体的风险意识和应用能力。项目管理者要树立全局观念，从战略高度重视风险管理；广大员工要增强风险意识，养成风险思维模式，在日常工作中主动应用风险评估方法。组织还应加强风险管理培训，普及风险评估知识，提升全员的风险管理能力。

此外，风险评估指标体系应用要与时俱进，根据内外部环境变化和项目进展及时更新完善。一方面，要持续跟踪风险因素的变化，调整评估指标和相应权重；另一方面，要定期总结应用实践经验，优化评估模型和方法。只有持续改进，风险评估指标体系才能始终发挥应有的作用。

## 二、水利类创新项目风险控制策略

### （一）风险预防与预警机制的构建

建立完善的风险预防机制，首先需要在项目实施前进行全面、细致的风险识别。这需要项目管理团队充分调动各方资源，运用头脑风暴、德尔菲法、故障树分析等方法，全面梳理可能影响项目进程的内外部风险因素。在识别过程中，要特别关注水利工程的技术复杂性、施工环境的不确定性、管理协调的高难度等特殊风险源。只有对潜在风险有了清晰、全面的认知，才能为后续的风险评估和控制提供可靠的信息基础。

在风险识别的基础上，需要运用定性评估与定量评估相结合的方法，科学评估各类风险的发生可能性和影响程度。定性评估主要借助专家经验判断，对风险进行分类和排序；定量评估则通过数学模型的构建，计算风险的概率分布和数值大小。两类方法相辅相成，共同支撑起全面、准确的风险评估体系。评估结果为项目管理人员提供了风险应对的优先级参考，使其能够集中资源重点防范高风险事件。

风险预警机制是风险预防的重要补充。它通过设置风险监测指标和预警阈值，动态跟踪风险状态的变化趋势，一旦发现异常情况，及时发出预警信号，为风险应对决策提供参考依据。预警指标的设置要全面覆盖项目实施的各个方面，如进度、质量、成本、安全等，同时还要兼顾指标的可测性和敏感性。预警阈值的确定需要综合考虑风险容忍度、历史数据分析等因素，既要避免过于宽松导致风险失控，也要防止过于严格引发频繁误报。

风险预防与预警机制的有效运行，离不开完善的制度建设和人员培训。在制度层面，要明确风险管理的责任主体、工作流程、考核标准等，形成规范化、程序化的风险管控体系。在人员层面，要加强风险意识教育，提升项目团队的风险辨识与应对能力，营造主动风险管理的组织氛围。此外，还要注重风险管理实践经验的总结提炼，将成功做法固化为管理标准，进一步优化完善风险预防与预警机制。

### （二）风险应对策略的分类与实施

风险回避是指通过改变项目计划或实施方案，避免风险事件的发生。例如，在技术难度极高、不确定性较大的水利创新项目中，可以考虑调整技术路线，选择相对成熟、可行性更高的技术方案，从而规避潜在的技术风险。风险回避虽然能有效避免风险，但也可能错失潜在的发展机会，因此需要慎重使用。

风险降低是指采取各种措施，减少风险事件发生的可能性或降低风险造成的损失。在水利创新项目中，可以通过加强技术攻关、优化设计方案、严格质量控制等手段，提高项目成功率，降低风险发生概率。同时，还可以制定详细的应急预案，明确风险发生后的处置流程和责任人，最大限度地减少风险损失。风险降低是风险管理的重要手段，需要项目团队持续不断的努力。

风险转移是指将风险的后果转移给其他主体承担，如通过购买保险、签订合同等方式，将风险损失转嫁给保险公司或合作方。在水利创新项目中，可以利用工程保险、责任保险等手段，转移可能面临的财产损失、人身伤害等风险。风险转移能够有效分散风险，减轻项目主体的风险压力，但需要支付一定的成本，如保险费用等。

风险自留是指项目主体自行承担风险后果，不采取任何风险处置措施。这种策略通常适用于风险发生概率较低、影响程度较轻的事件。在水利创新项目中，对于一些常见的、可控的运营风险，如设备故障、进度延误等，可以采取风险自留的策略，通过加强管理、优化资源配置等手段，将风险控制在可接受范围内。但对于重大风险事件，风险自留可能带来巨大损失，需要谨慎作出决策。

在实施水利类创新项目的过程中，需要结合项目特点和风险评估结果，综合运用多种风险应对策略。针对不同风险事件，可以选择风险回避、降低、转移或自留等策略，或是多种策略组合运用。同时，还需建立完善的风险管理体系，明确风险管理职责，优化风险管理流程，加强风险监控和评估，及时调整风险应对策略，确保风险在可控范围内。只有采取科学、系统的风险管理措施，水利类创新项目才能稳步推进，取得预期成果。

## 三、水利类创新项目风险管理流程

### (一)风险管理规范流程的设计

1.风险识别

项目团队需要通过头脑风暴、专家访谈、情景分析等方式，全面梳理可能影响项目进程和结果的不确定因素。这些风险因素可能来自技术、管理、资源、环境等方面。在识别过程中，要特别关注那些发生概率较高、影响较大的风险事件。

2.风险评估

在识别出潜在风险后，项目团队要对每一项风险进行分析，判断其发生的可能性及其对项目目标的影响程度。可以采用定性评估与定量评估相结合的方法，根据风险发生概率和影响程度对风险进行评分和排序，确定风险的优先级别。风险评估的结果为后续制定风险应对策略提供了决策依据。

3.风险应对

针对评估出的重大风险，项目团队要制定相应的处置方案。风险应对策略通常包括风险规避、风险转移、风险缓解和风险接受四种类型。具体采取哪种策略，需要综合考虑风险特征、项目资源、成本效益等因素。风险应对方案要明确责任人、时间节点和预期效果，确保风险管控措施落到实处。

4. 风险监控

风险管理不是一蹴而就的，而是贯穿项目全生命周期的持续性工作。在项目实施过程中，要定期检查和评审已识别风险的状态变化，监督风险应对措施的执行情况，必要时及时调整风险应对策略。同时，还要警惕新风险的出现，一旦发现要及时将其纳入风险管控范畴。

5. 风险总结

在项目结束后，项目团队要对风险管理的全过程进行回顾和总结，梳理经验教训，完善风险知识库。这不仅有助于提高本项目的风险管理水平，也为后续类似项目的风险防控积累了宝贵经验。

## (二)风险管理流程中的关键节点及其操作

风险识别是整个风险管理的基础。在这一阶段，管理者需要全面收集和分析可能影响项目目标实现的不确定因素，并对其进行分类和评估。常用的风险识别方法包括头脑风暴法、德尔菲法、故障树分析等。管理者应根据项目特点和实际情况，选择恰当的识别方法，确保风险因素得到充分揭示。

风险评估是量化分析风险的关键环节。通过建立科学的指标体系，管理者可以客观地衡量各类风险的发生概率和影响程度，为后续的风险应对提供决策依据。在构建指标体系时，既要考虑通用性指标如风险发生概率、风险损失等，也要结合水利类创新项目的特点，纳入技术风险、环境风险等专业指标。同时，也要应用层次分析法、模糊综合评价等方法，合理确定指标权重，提高风险评估的科学性和准确性。

风险控制则是将风险管理战略付诸实施的重要阶段。针对评估出的重大风险，管理者需制定切实可行的应对措施，如风险转移、风险规避、风险减轻等。在此过程中，建立健全的风险预警机制至关重要。通过设置关键风险指标和阈值，实时监测风险变化情况，一旦发现异常，即可启动应急预案，最大限度降低风险损失。此外，定期开展风险检查和审计，持续优化风险控制措施，也是保障风险管理成效的有力手段。

在整个风险管理流程中，风险沟通贯穿始终。管理者需要与项目相关方保持良好沟通，及时传递风险信息，协调各方资源，形成风险管理合力。定期召开风险评审会，分享经验教训，达成风险认知共识，能够有效地提升团队的风险管理意识和能力。同时,借助信息化手段,如风险管理信息系统,可以实现风险数据的集中管理和共享利用,为科学决策提供有力支撑。

## 四、水利类创新项目风险应急预案

### (一)应急预案的重要性与构建原则

应急预案的制定要建立在全面风险识别和评估的基础上。只有对创新项目可能面临的各种风险进行系统梳理,并评估其发生的可能性和影响程度,才能有的放矢地制定针对性措施。在风险识别过程中,要充分利用头脑风暴、德尔菲法、故障树分析等方法,全面考虑技术风险、管理风险、环境风险等方面,不留死角、不留盲区。在风险评估时,要运用定性与定量相结合的方式,科学判断风险发生的概率和后果严重程度,为应急预案的制定提供决策依据。

应急预案要突出重点,分类施策。水利类专业教育创新项目涉及面广,不同类型、不同阶段的风险特征各异。应急预案的制定要紧紧围绕重大风险、关键风险,有所侧重、有所取舍。对于高发多发的常见风险,要制定成熟、详尽的处置方案;对于危害严重的极端风险,要做好应急响应的充分准备;对于影响较小的一般风险,则可采取相对简化的应对措施。这种分类施策的做法既能提高应急预案的针对性,也有利于优化资源配置,提升风险防控的效率。

应急预案的制定要坚持全员参与、协同配合。风险防控不是少数人的事,而是需要项目全体成员共同参与的系统工程。在应急预案构建过程中,要充分发挥一线人员的积极性,鼓励其提出合理化建议;也要加强部门间沟通协调,明确各自职责,形成工作合力;还要重视专家意见,借助外脑补齐能力短板。只有调动各方力量,形成齐抓共管的良好局面,才能提升应急预案制定的科学性,确保应急预案关键时刻能够发挥作用。

应急预案要强调动态更新、持续完善。随着创新项目的不断推进,风险状况也在动态变化。应急预案必须与时俱进,根据实际情况进行调整和优化。要建立定期评估机制,及时发现预案中存在的问题和不足;也要总结应对实践经验,提炼行之有效的做法;还要关注内外部环境变化,适时完善应急预案的内容。只有保持应急预案的全面性和时效性,才能为风险防控工作提供持久而有力的支撑。

### (二)应急预案的主要内容与框架

在风险识别阶段,项目团队需要全面分析项目所处的内外部环境,识别出可能影响项目目标实现的各类风险因素，如技术风险、管理风险、环境风险等。在此基础上，应该对风险发生的可能性和影响程度进行评估，确定关键风险控制点。这一过程可以借助头脑风暴、德尔菲法、故障树分析等方法，充分挖掘团队成员的集体智慧。

应急准备是风险应急管理的基础性工作，它要求项目团队根据风险识别和评估的结果，提前制定切实可行的应急方案，明确应急组织体系、职责分工、行动流程、所需资源等关键要素。同时，还应该加强应急培训和演练，提高全体成员的风险意识和应急处置能力。只有作好充分准备，才能在风险发生时从容应对，将损失降到最低。

应急响应是风险事件发生后的关键阶段，它考验着应急预案的可操作性和项目团队的应变能力。面对突发事件，项目团队要快速启动应急预案，按照既定流程开展应急处置工作。这需要团队成员之间密切配合，发挥各自专业优势，同时也要积极争取外部资源支持。在应急响应过程中，还应该做好信息收集和分析工作，动态调整应对策略，直至风险事件得到有效控制。

后期处置是风险应急管理的收尾阶段，但同样不容忽视。风险事件平息后，项目团队应该认真总结应急工作经验教训，评估应急预案的有效性，识别出需要改进的地方。同时，还要做好善后工作，如人员安置、损失评估、保险理赔等，为项目的继续实施创造条件。后期处置环节的反思和完善，可以帮助项目团队趋利避害，在风险中育新机、于变局中开新局。

### （三）应急预案的演练与修订机制

设置应急预案的目的在于预判可能出现的风险事件，提前制定应对策略和处置流程，从而最大限度地降低风险事件的负面影响。但应急预案的制定并非一蹴而就的，它需要在实践中不断优化和完善。这就要求管理者建立科学的应急预案演练与修订机制，以保证应急预案始终与项目实际相适应、与风险形势相匹配。

应急预案演练是指根据预案内容，模拟可能出现的风险场景，检验应急预案的可操作性和有效性。通过演练，可以发现预案中存在的问题和不足，如职责分工不明确、处置流程不合理、资源配置不到位等。同时，演练也是一个锻炼项目团队应急处置能力的过程。通过积极参与演练，成员们可以熟悉应急预案的内容，增强风险意识和应变能力。因此，定期开展应急预案演练是保证预案实效性的关键举措。

在进行应急预案演练的基础上，还需要建立规范的修订机制。一方面，项目团队应在每次演练后认真总结经验教训，形成演练报告，梳理演练中暴露出的问题，并及时修改完善应急预案。另一方面，项目团队还应密切关注外部环境变化，尤其是可能影响项目风险形势的重大事件。一旦风险形势发生变化，就需要及时评估应急预案的适用性，必要时进行修订。只有通过持续的演练和修订，应急预案才能与时俱进，为创新项目的顺利实施提供有力保障。

此外，应急预案的修订还应吸收多方意见和建议。项目团队应邀请相关专家、合作伙伴、利益相关方等参与修订过程，听取他们对预案的评价和改进建议。这不仅可以使预案更加全面和完善，也有助于增进各方的理解和信任，形成风险管理的合力。同时，还应重视应急预案修订的制度化和规范化，建立定期评估和修订的工作机制，明确修订的标准、程序和责任人，确保修订工作的有序推进。

# 第四章 基于虚拟仿真的水利类专业教育模式创新与实践

## 第一节 水利类专业虚拟仿真教学平台的构建

### 一、水利类专业虚拟仿真教学平台的技术架构

#### (一)基础架构组成

硬件层面上,需要配备高性能的服务器、存储设备、网络设备等,以支撑平台的稳定运行和数据处理。服务器需要具备强大的计算能力和可扩展性,以满足仿真计算和渲染的需求。存储设备要有足够的容量和I/O性能,以确保教学资源的高效存取。网络设备则要保障平台的互联互通和数据传输质量。

软件层面上,虚拟仿真教学平台的基础架构需要包含操作系统、数据库、中间件等关键组件。操作系统是平台运行的基础,需要选择稳定、安全、高效的服务器操作系统,如Linux、Windows Server等。数据库是平台数据存储和管理的核心,需要根据数据量、并发访问等需求,选择合适的关系型或非关系型数据库,如MySQL、MongoDB等。中间件则提供了平台各个模块之间的连接和通信,如Tomcat、Nginx等Web服务器,以及消息队列、缓存等服务。

除这些基础组件外,水利类专业虚拟仿真教学平台还需要专门的虚拟仿真引擎和相关工具库。虚拟仿真引擎是实现仿真计算、场景渲染、物理模拟等功能的核心模块,需要根据平台的功能需求和性能要求进行选型和优化。常见的虚拟仿真引擎有Unity3D、Unreal Engine等。围绕虚拟仿真引擎,还需要配套的三维建模工具、物理计算库、人工智能框架等,形成完整的虚拟仿真工具链。

#### (二)通信与交互协议

合理选择通信协议是平台设计的首要任务。常见的通信协议包括TCP/IP、UDP、HTTP、WebSocket等,它们各有特点和适用场景。以TCP/IP为例,其面向连接、可靠的传输机制非常适合对数据可靠性要求较高的场合,如虚拟仿真实

验数据的传输。而对于实时性要求较高但对可靠性要求相对较低的应用，如视频流传输，则可以考虑采用 UDP 协议。HTTP 和 WebSocket 则主要用于 Web 端与服务端的通信。通信协议的选择需要综合考虑平台的应用需求、网络环境、性能指标等因素，权衡各协议的优缺点，最终确定最优的技术方案。

在通信协议的基础上，交互协议的设计也需要匹配平台的功能定位和用户群体。例如，面向教师的实验教学管理模块，交互方式可以遵循传统的 Web 表单提交范式，并辅以必要的数据校验和反馈，以确保提交数据的规范性。而面向学生的虚拟仿真实验模块，则需要借鉴游戏化交互设计的理念，采用沉浸式、体验式的人机交互模型，来激发学生的参与兴趣，引导其主动探索、动手实践。同时，交互协议还应充分考虑到不同用户的差异化需求。例如，对于专业基础较弱的低年级学生，平台可以提供向导式的交互引导，降低用户的使用门槛；而对于高年级学生，则可以提供更加开放、灵活的交互方式，给予其更大的自主权和创造空间。

通信与交互协议的设计对于提高平台的数据互操作性和安全性也有着重要意义。随着云计算、大数据、物联网等新一代信息技术的发展，教育信息化平台面临着与外部异构系统对接的需求。采用标准化的通信协议，如 RESTful API、XML、JSON 等，可以大大降低系统之间的耦合度，实现数据的无缝交换与共享。而在数据安全方面，通信协议应当集成必要的加密、认证、授权机制，在保护用户隐私的同时，能防范外部的恶意攻击和数据窃取。交互协议的设计则需要考虑到操作的可撤销性、并发访问的一致性等因素，避免因用户误操作而带来的数据丢失或损坏。

### (三)服务端与客户端设计

服务端是平台的“大脑”，负责处理海量的数据和复杂的业务逻辑。在水利类专业教学中，服务端需要支持各种教学场景，如虚拟实验、工程案例分析、专业技能训练等。这对服务端的计算能力、存储容量和并发处理能力提出了很高要求。同时，服务端还要确保数据的安全性和可靠性，防止敏感信息泄露或丢失。

而客户端则是平台的“门面”，直接面向广大师生用户。客户端的设计需要充分考虑用户的实际需求和使用习惯，提供友好、直观的人机交互界面。在水利类专业教学中，客户端不仅要能够生动、逼真地呈现复杂的水利工程场景，让学生身临其境，获得沉浸式的学习体验。同时，客户端还要支持多种终端设备，如 PC、平板、手机等，以满足用户随时随地学习的需要。

为了满足水利类专业教育的特定需求，服务端与客户端的设计还需要紧密结合学科特点和教学规律。比如，在虚拟实验场景中，服务端要能够准确模拟水流、泥沙、水工建筑物等的物理特性和运动规律，客户端则需要逼真地呈现实验装置和操作界面，并实时反馈实验数据和现象。再如，在工程案例教学中，服务端要提供丰富、典型的案例库，支持案例的检索、筛选和组合，客户端则要以生动、互动的方式展示案例内容，并嵌入各种探究性问题和思考题，以此引导学生主动分析、探讨所学内容。

此外，服务端与客户端的设计还要兼顾平台的可扩展性和持续发展性。一方面，要预留足够的接口和二次开发空间，方便后续功能的拓展和升级；另一方面，要与其他教学管理系统实现无缝对接，支持数据的互通共享，从而构建起完整的教学生态链。

## 二、水利类专业虚拟仿真教学平台的功能模块设计

### （一）教学内容管理模块

教学内容管理模块应能支持多种类型教学资源的管理，包括文本、图片、视频、动画、3D 模型等。水利工程涉及范围广泛，不同专业方向和课程的教学资源形式多样。因此，教学内容管理模块必须具备灵活的资源组织方式，以满足不同教学场景的需求。例如，在水工建筑物设计课程中，教师可能需要上传大量的图纸和三维模型；而在水文水资源专业中，视频和动画资源则更为常见。教学内容管理模块应提供直观、易用的界面，让教师能够方便地上传、归类和管理各类资源。

教学内容管理模块需要支持精细化的资源描述和检索功能。水利类专业知识体系庞大，涉及众多专业术语和概念。为了帮助学生快速、准确地找到所需资源，教学内容管理模块应允许教师对上传的资源进行详细描述，如标题、关键词、摘要、难度等级、知识点等。同时，平台应提供强大的检索功能，以支持多维度、组合条件的查询。例如，学生可以根据课程名称、知识点、资源类型等进行检索，快速定位到相关材料。这不仅提高了学习效率，也有助于学生建立清晰、系统的知识框架。

教学内容管理模块还应具备版本控制和协作管理功能。在实际教学中，教学资源往往需要不断更新和完善。版本控制功能可以记录资源的修改历史，方便教师追踪和比较不同版本之间的差异。而协作管理功能则允许多位教师共同参与资源的建设和维护，提高资源建设效率和质量。例如，不同专业方向的教师可以

各自上传本领域的优质资源，再通过协作功能进行整合和优化，形成系统、完备的资源库。这种协作方式不仅有利于资源的共享和再利用，也促进了教师之间的交流和互鉴。

教学内容管理模块应与虚拟仿真实验模块紧密集成，实现教学资源与仿真实验的无缝衔接。水利工程专业实践性强，很多理论知识需要通过实验和仿真得以巩固和应用。教学内容管理模块应支持将教学资源与相关实验项目关联，方便学生在学习理论知识的同时，能够快速进入仿真实验环节。例如，在学习水闸工作原理的同时，学生可以直接进入虚拟仿真实验室，亲身操作水闸的启闭，加深对理论知识的理解。这种理论与实践的紧密结合，能够极大地提高学习效果，培养学生的实践能力和创新意识。

### （二）学习进度跟踪模块

学习进度跟踪模块的设计需要充分考虑水利类专业的特点和学生的学习需求。首先，要建立完善的学习行为采集机制，全面记录学生在平台上的各项活动，包括登录时间、学习时长、资源访问、作业完成、测试成绩等。其次，要开发智能化的数据分析算法，对采集到的海量学习行为数据进行挖掘和处理，形成直观、易懂的学习进度报告。再次，要设计人性化的可视化界面，以图表、曲线等形式直观呈现学生的学习进度、知识掌握情况和能力发展水平，方便教师快速准确地把握学情。最后，还要嵌入预警和提醒功能，当学生出现学习进度滞后、成绩下滑等问题时，系统能够自动发出预警，提醒教师及时干预。

学习进度跟踪模块的应用需要与教学活动紧密结合，发挥其诊断、预警和改进的功能。教师要定期查看学生的学习进度报告，分析其学习行为特征和规律，挖掘其学习潜力和不足。对于学习进度较快、表现优异的学生，教师可以给予表扬和鼓励，设置更有挑战性的学习任务，促进其进一步发展；对于学习进度滞后、存在困难的学生，教师要及时与其沟通，分析原因，提供个性化的学习指导和帮助。同时，教师还要结合学习进度的跟踪结果，优化教学设计，调整教学策略和方法，实现精准教学和因材施教。例如，针对学生普遍感到困难的知识点，教师可以补充微课资源，组织在线讨论，加强重点难点的讲解和练习；针对学生学习兴趣不高的模块，教师可以引入游戏化学习元素，增加情境互动和实践体验，以此提高学习的趣味性和参与度。

学习进度跟踪模块的建设需要重视数据安全和隐私保护。学生的学习行为数据涉及个人隐私，一旦泄露或滥用，可能对学生造成难以挽回的伤害。因此，在学习进度跟踪模块的设计和应用过程中，必须严格遵守数据安全准则和隐私保护条例,对学生数据进行脱敏处理,设置严格的数据访问和使用权限,以防止数据泄露和非法利用。同时,要加强师生的数据素养教育,提高其数据安全意识和自我保护能力,尤其是培养学生负责任地管理和利用自己的学习数据。

### (三)评估与反馈模块

从知识层面来看,评估与反馈模块能够帮助教师准确把握学生对水利专业知识的掌握程度。通过在虚拟仿真教学平台中设置各种类型的测试题目,如选择题、判断题、简答题等,教师可以全面评估学生对水利学原理、设计规范、施工工艺等重点知识的理解和运用能力。同时,平台还可以自动记录学生的答题和得分情况,生成学习数据报告,为教师提供直观、准确的评估依据。教师可以据此调整教学内容和进度,有针对性地加强学生在学习过程中的薄弱环节,从而提高教学质量。

对学生而言,评估与反馈模块能够帮助其及时发现自身知识的掌握情况,客观认识自己的学习效果。通过完成平台中的测试题目和虚拟实验任务,学生能够直观地了解自己在专业知识方面的优势和不足。平台提供的即时反馈,如答案解析、操作指导等,能够帮助学生查漏补缺,巩固薄弱知识点。这种自我评估和反思的过程,既有利于增强学生的学习自觉性,又能提高其自主学习能力。

从能力层面来看,评估与反馈模块是培养学生工程实践能力和创新能力的重要途径。在虚拟仿真教学平台中,学生需要运用所学知识分析工程问题,提出解决方案,并在虚拟环境中进行方案设计、施工模拟等实践操作。评估与反馈模块可以客观记录学生的操作过程和结果,提供详细的数据分析和评估报告。通过对比优秀案例,学生能够清晰地认识到自己在工程实践中的不足,如方案的合理性、操作的规范性等,从而有针对性地进行改进。同时,评估结果也为教师优化实践教学提供了重要依据,有助于创设更加贴近工程实际的学习情境,培养学生的动手能力和创新意识。

此外,科学的评估与反馈机制还能够引导学生形成严谨求实的科学态度和协作精神。在虚拟仿真教学平台上开展小组合作项目,学生需要与队友分工协作,共同完成设计、施工等任务。评估与反馈模块可以记录小组成员的贡献度和互动情况,帮助学生客观认识自己在团队中的角色和不足。教师也可以据此开展有针对性的引导,培养学生的沟通表达能力和团队意识。学生在合作探究、反思改进的过程中,能够逐步养成严谨细致的工作作风,提升综合素质。

## 三、水利类专业虚拟仿真教学平台的数据管理与维护

### (一)数据库设计与管理

高质量的数据库设计应遵循规范化理论,合理划分数据表和字段,建立表间的逻辑关联,最大限度地减少数据冗余和数据不一致的情况。针对水利类专业教学的特点,可设计基础数据表(如专业目录、课程信息、教师信息、学生信息等)、教学活动表(如教学日历、教学任务、作业项目、学习小组等)、学习行为表(如资源访问、作业提交、测验记录、讨论互动等)和评估数据表(如学习进度、考核成绩、能力画像等)。同时,为满足数据高并发访问和快速检索的性能需求,还需构建高效的索引机制和查询优化策略。

在概念模型设计的基础上,物理数据库的实现需要综合考虑数据量、访问模式、可扩展性等因素,选择合适的数据库管理系统(DBMS)。传统的关系型数据库(如 MySQL、Oracle)在结构化数据存储和事务处理方面具有成熟的解决方案,但在海量非结构化数据存储和实时计算方面可能存在性能瓶颈。因此,可引入非关系型数据库(NoSQL)等技术,构建混合数据库架构,发挥不同类型数据库的优势。例如,可使用 MongoDB 等文档数据库来存储课程资料、作业报告等非结构化数据,使用 Redis 等内存数据库实现高频访问数据的缓存,使用 HBase 等列式数据库来支撑学习行为日志的实时分析。

数据库的生命周期管理涉及建库、使用、维护、优化、升级等一系列持续性工作。在建库阶段,需开展需求调研和概念设计,制定系统的命名规范和设计标准。在使用阶段,要建立健全的数据录入、审核、备份等日常操作制度,确保数据的准确性和安全性。平台运行过程中,需密切关注数据库的性能指标,及时诊断和优化潜在的性能问题(如慢查询、死锁等)。随着教学规模的扩大和需求的演进,可能出现数据表结构调整、数据迁移等复杂的数据库变更问题,这需要制订完备的数据库修改方案和回退预案,最大限度地减少变更过程对平台业务的影响。

数据作为平台的核心资产,其安全性和保密性至关重要。首先,应严格用户权限管理和访问控制,根据安全策略设置账号和口令,限制非法访问和越权操作。对敏感数据和隐私信息,要采取加密存储、脱敏处理、访问审计等措施,防范数据泄露和不当使用的风险。要建立完善的容灾备份机制,制定数据定期备份和异地

容灾预案，最大限度地减少各类故障（如介质损坏、操作失误）造成的数据丢失。此外，面对外部的网络攻击和病毒入侵，还需加强数据库系统的漏洞扫描和入侵检测，及时发现和修复安全隐患。

## （二）安全性维护

在物理层面，要严格控制平台硬件设施的访问权限，防止非授权人员对设备进行破坏或窃取。同时，要建立完善的备份和容灾机制，定期对关键数据进行异地备份，确保其在突发事件中能够快速恢复系统功能。在网络层面，要部署高强度的防火墙和入侵检测系统，对进出平台的网络流量进行实时监控和过滤，及时发现和阻断恶意攻击行为。此外，还要采用安全可靠的通信协议，对敏感数据进行加密传输，防止信息在传输过程中被窃取或篡改。

在系统层面，要及时修复操作系统和中间件存在的漏洞，减少可能被攻击者利用的安全隐患。同时，要严格控制系统权限分配，采用最小权限原则，只为用户授予必要的操作权限。对于重要的系统配置文件和日志文件，要进行严格的访问控制和审计，防止未经授权的修改和删除。在应用层面，要遵循安全的编码规范，避免出现因程序漏洞导致的注入攻击、跨站脚本攻击等安全问题。对于用户输入的数据，要进行严格的验证和过滤，防止恶意代码的注入。同时，要为不同类型的用户设置合理的权限边界，避免越权访问和操作。

除技术层面的安全防护措施外，还要高度重视人为因素引发的安全风险。要加强对平台运维人员和使用人员的安全意识教育，提高其保密意识和风险防范能力。定期开展安全培训和应急演练，强化人员在安全事件中的快速响应和处置能力。建立健全的安全管理制度和流程，明确各岗位的安全职责和行为规范，并对其进行严格考核和监管。

## （三）常规维护与故障恢复流程

维护工作应该覆盖平台的各个层面，包括硬件设施、系统软件、应用程序、数据资源等。技术人员要定期开展巡检、监测、清洁、更新等日常维护，及时发现和解决安全隐患和性能瓶颈。同时，还要建立完善的安全防护体系，采取物理隔离、访问控制、数据加密等措施，保护平台免受病毒入侵、恶意攻击、非法访问等的威胁。

故障恢复是应对系统异常、服务中断等突发事件的重要手段。首先，要制定详细的故障应急预案，明确各种故障场景下的处置流程、责任分工、协调机制，确保在故障发生时能够快速、有序地开展恢复工作。其次，要建立完善的数据备份与容灾机制，定期对关键数据和系统配置进行备份，并将备份数据存储在异地容灾中心，确保在故障发生时能够快速恢复业务数据，将损失降到最低。最后，要组织开展针对性的应急演练，模拟各种故障场景，检验应急预案的可行性和完备性，锻炼技术人员的实战能力，不断优化故障恢复流程。

此外，还要高度重视用户服务与支持工作。要建立多渠道的用户服务平台，如电话热线、在线客服、远程协助等，及时响应和处理用户反馈的问题和需求。要制定服务质量标准和考核机制，持续提升服务水平，提高用户满意度和忠诚度。同时，要积极开展用户培训和教育，帮助用户熟悉平台功能，提高使用效率，减少操作失误导致的故障。

## 四、水利类专业虚拟仿真教学平台的用户界面设计

### （一）用户体验设计原则

#### 1.界面布局

一个合理、友好的界面布局能够帮助用户快速理解平台的功能和结构，减少使用障碍，提高操作效率。在水利类专业虚拟仿真教学平台的界面设计中，应该遵循“以人为本”的原则，充分考虑学生的认知特点和使用习惯。例如，可以采用符合自然阅读顺序的信息组织方式，将最常用、最重要的功能模块放在显著位置；合理利用空白和留白，避免信息过于密集，降低视觉疲劳；运用恰当的色彩搭配和对比，突出关键信息，引导用户的注意力。总之，界面布局要力求简洁明了、逻辑清晰，以减轻用户的认知负荷，营造舒适、愉悦的使用体验。

#### 2.交互设计

高效、流畅的交互设计能够帮助用户更好地理解和控制平台，减少错误操作，提高学习效率。在水利类专业虚拟仿真教学平台的交互设计中，应该遵循“以用户为中心”的理念，从用户的实际需求和使用场景出发，优化各项功能的可达性和可操作性。例如，提供清晰、易于识别的导航机制，帮助用户在不同模块之间自由切换；设计简单、直观的操作方式，减少不必要的步骤和环节；在关键节点提供必

要的提示和反馈，引导用户完成任务；针对不同层次的用户提供个性化的交互方案，满足其差异化需求。总之，交互设计要追求自然、智能，使平台成为用户的得力助手和亲密伙伴。

3. 视觉设计

精美、富有吸引力的视觉呈现不仅能够激发用户的使用兴趣，更能潜移默化地影响其学习态度和效果。在水利类专业虚拟仿真教学平台的视觉设计中，应该遵循美学原理和用户审美偏好，营造具有专业特色和时代气息的视觉氛围。例如，选用与水利行业相契合的色彩、图形、材质等设计元素，塑造专业、严谨的平台形象；在版式、配色、动效等方面体现创新和活力，提升平台的美感和吸引力；针对不同的学习内容和场景，设计个性化的视觉主题，营造身临其境的沉浸感。总之，视觉设计要力求精致、富有表现力，将专业内涵和人文关怀巧妙融合，以唤起用户的情感共鸣。

4. 跨学科思维和用户参与

一方面，设计师应积极参考心理学、教育学、人机工程学等相关学科的理论和方法，拓宽设计视野，提升设计内涵；另一方面，要重视用户的主体地位，通过访谈、问卷、测试等多种形式广泛征集用户意见，并将其转化为可落地的设计需求和方案。只有不断践行以用户为中心的设计理念，才能真正实现平台价值和用户价值的有机统一。

### （二）界面布局与美工元素

在进行界面布局设计时，设计师需要充分考虑学生的认知特点和使用习惯，运用科学的界面设计原则，合理组织和呈现各种功能模块及信息内容。通常，界面布局应遵循简洁明了、重点突出的原则，避免过于复杂和冗余的设计，以减轻学生的认知负担。此外，界面布局还应具有一定的灵活性和可定制性，以适应不同的学习场景和个性化需求。

在美工元素的设计中，设计师需要根据水利专业的特点，选用恰当的色彩、图形、动画等视觉元素，营造专业、严谨的学习氛围。色彩是界面设计中最直观、最具感染力的视觉要素之一。在色彩的选择上，应以青、蓝等冷色调为主，辅以绿、黄等暖色调，既符合水利专业的特点，又能营造出稳重、沉静的学习氛围。同时，设计师还需要注重色彩的对比度和和谐度，避免使用过于艳丽或冲突的色彩搭配，以免引起使用者视觉疲劳或不适。

图形和动画是增强界面视觉吸引力、活跃学习氛围的重要手段。在水利专业虚拟仿真教学平台中，设计师可以利用各种图形元素，如图标、插图、三维模型等，直观地表现水利工程的结构、原理和运行过程。适当运用动画效果，如水流的流动、闸门的开启等，能够增强教学内容的生动性和趣味性，调动学生的学习积极性。但需要注意的是，图形和动画的使用应当适度，避免过度渲染和装饰，以免喧宾夺主，影响学习内容的传递。

此外，在界面美工设计中，设计师还需要考虑平台的品牌形象塑造。通过设计一致、独特的视觉风格，并在界面的各个角落体现出来，能够提高平台的辨识度和美誉度，提升学生的忠诚度和信任感。例如，设计师可以围绕水利专业的特色，设计一套统一的图标系统、配色方案和排版风格，并贯穿于平台的各个功能模块之中，塑造出专业、权威的品牌形象。

### （三）交互流程优化

从用户需求的角度出发，水利类专业虚拟仿真教学平台的用户界面设计应该考虑不同用户群体的特点。对于教师用户，界面设计应该突出教学管理功能，如教学资源上传、学生学习进度跟踪等；而对于学生用户，界面设计则应该以学习功能为核心，提供便捷的课程访问、实验操作等功能入口。此外，针对不同专业方向的学生，平台还可以提供个性化的界面主题，以增强学习体验。

在交互流程优化方面，水利类专业虚拟仿真教学平台应该遵循“少即是多”的设计原则，尽量减少不必要的操作步骤，提高用户的使用效率。例如，平台可以在用户登录后直接呈现当前正在学习的课程，减少用户的查找时间；在虚拟仿真实验环节，系统可以根据学生的操作自动记录实验数据，简化学生的操作流程。同时，针对复杂的操作，平台应提供清晰的引导提示，如操作演示动画、弹出式帮助文档等，帮助用户快速上手。

视觉设计方面，水利类专业虚拟仿真教学平台的用户界面应该简洁明了，色彩搭配应该符合用户的审美习惯。界面布局应该科学合理，将最常用的功能放在显著位置。同时，平台还应该注重细节设计，如鼠标悬停、点击等交互效果设计，提升用户的操作体验。

为了持续优化平台的用户体验，设计者还应该重视用户反馈，定期收集用户对平台界面交互的意见和建议，并及时改进。通过数据分析，设计者可以洞察用户的实际使用情况，如平均访问时长、常用功能模块等，进而优化平台设计。

高效、友好的用户界面设计是水利类专业虚拟仿真教学平台的重要组成部分。它直接影响着平台的教学效果和用户满意度。设计者只有立足用户需求，不断优化界面交互，才能为师生用户提供一个高质量的教学平台，助力水利类专业教育教学模式的创新发展。

## 第二节 基于虚拟仿真教学的水利类专业教育模式的实施策略

### 一、水利类专业虚拟仿真教学内容的选择与设计

#### （一）关键知识点的虚拟仿真素材选择

在选择虚拟仿真素材时，教师应重点考虑水利类专业核心课程中的重难点内容。这些内容往往涉及水利工程设计、水文水资源分析、水工建筑物结构等方面，需要学生具备扎实的理论基础和较强的空间想象力。利用虚拟仿真技术，教师可以构建逼真的三维场景，模拟复杂的水流运动，直观展示水工建筑物的受力状态，帮助学生深入理解抽象的概念和原理。例如，在教授水闸、溢洪道等水工建筑物时，教师可以利用虚拟仿真技术模拟不同工况下的水流状态，分析建筑物的受力变化，使学生对建筑物的设计原理和安全性能有更加直观、深刻的认识。

除了重难点知识，一些实践性较强的内容也非常适合进行虚拟仿真教学。水利工程施工、水土保持等领域涉及大量的实践操作，受制于场地、设备、安全等因素，学生往往难以亲身参与。而虚拟仿真技术能够打破时空限制，让学生在虚拟环境中身临其境地体验施工过程，掌握关键工艺和操作要领。例如，利用虚拟仿真平台，学生可以模拟不同施工工艺的操作流程，了解施工设备的性能和适用条件，更好地掌握安全防护措施等，从而提高实践技能和安全意识。

在设计虚拟仿真教学内容时，教师还应注重教学内容与课程目标、教学大纲的契合度。虚拟仿真教学不是独立于传统教学之外的，而是要与之紧密结合、相互补充。教师要充分研读教学大纲，梳理课程的知识体系和能力要求，有针对性地设计虚拟仿真教学内容。同时，还要关注学生的认知特点和接受能力，控制虚拟场景的复杂程度，循序渐进地引导学生探索和思考。只有做到内容选择精准、设计合理，虚拟仿真教学才能真正发挥优势，提升教学质量。

此外，虚拟仿真教学内容的选择与设计还要体现前瞻性和创新性。水利行业日新月异，新技术、新工艺、新标准层出不穷。这就要求教师要紧跟行业发展前沿，适时更新完善虚拟仿真教学内容，引入前沿知识和创新成果，拓宽学生的视野。教师还可以鼓励学生参与虚拟仿真项目的开发，发挥其创造力，培养其创新精神。唯有如此，虚拟仿真教学才能始终保持生机和活力，为水利人才的培养注入新动力。

### （二）虚拟仿真教学内容的系统设计

具体而言，虚拟仿真教学内容的系统设计应该包括以下方面：要全面梳理水利类专业的核心知识体系，明确各知识模块之间的内在联系，形成纵向递进、横向关联的知识网络。这就要求教学设计者深入研究水利工程学科的前沿动态，掌握水利行业的发展趋势，既要体现知识的系统性，又要突出实践应用导向，使教学内容能够紧跟时代步伐，反映行业需求。

要针对不同教学模块，精心设计虚拟仿真实训项目。每个实训项目都应该具有鲜明的教学目标，重点突出某一知识点或技能点的训练。同时，实训项目还应体现真实的工程情境，为学生提供沉浸式、交互式的学习体验。通过项目驱动、情境模拟等方式，激发学生的学习兴趣，提高其分析问题、解决问题的实践能力。

虚拟仿真教学内容的设计还应注重知识的应用和拓展。单纯的理论讲授和操作训练往往难以满足工程实践的复杂需求。因此，在设计教学内容时，要为学生提供足够的探索空间，引导其将所学知识灵活运用到实际问题当中。例如，可以设置开放性的工程设计任务，要求学生综合运用水文、水工、施工等方面的知识，提出解决方案并进行可行性论证。这不仅能深化学生对知识的理解，更能锻炼其工程实践能力和创新意识。

高质量的虚拟仿真教学内容离不开教师团队的精心打磨。一方面，教学设计应充分吸收一线工程技术人员的意见，使教学内容更贴近工程实际；另一方面，教学团队还应该广泛收集学生反馈，根据其学习效果和感受，不断优化完善教学方案。只有多方协同、持续改进，才能真正打造出系统完整、与时俱进的虚拟仿真教学体系。

### （三）与课程目标相适应的虚拟仿真环境搭建

在虚拟仿真环境的搭建过程中，需要明确课程目标和教学内容，并据此确定虚拟仿真场景的主题、任务和难度。例如，在水工建筑物设计课程中，可以构建虚拟的水闸、堤坝等典型水工建筑物模型，让学生在虚拟环境中进行设计、计算和分析，从而掌握相关理论知识和设计方法。再如，在水文水资源课程中，可以搭建虚拟的流域环境，模拟降水、径流、蒸发等水文过程，引导学生开展水文参数估计、水资源评价等实践活动，提高其水文分析和水资源管理能力。

虚拟仿真环境的构建应注重真实性和交互性。一方面，虚拟场景应尽可能逼真，包括地形地貌、建筑物、设备设施等元素都应与实际工程情况相符；另一方面，虚拟环境应支持多种交互方式，如鼠标点击、键盘输入、语音控制等，使学生能够主动探索、操作和反馈。此外，还可以嵌入各种多媒体资源，如文字、图像、音频、视频等，丰富学习内容，增强学习体验。

虚拟仿真环境应具有一定的开放性和拓展性。既要为学生提供结构化的学习路径和任务引导，又要给予其足够的自主权，鼓励其进行个性化探索和创新尝试。同时，虚拟仿真环境还应预留扩展接口，方便教师根据教学需要动态调整场景内容、更新知识库，以适应学科发展和技术进步。

虚拟仿真环境的使用应与教学组织方式、教学策略等相配套。教师应根据课程特点和学生特征，灵活设计教学活动，合理安排线上线下学习时间，引导学生积极参与、主动思考、协作交流。同时，还应建立科学的评价体系，综合考查学生在虚拟仿真环境中的学习表现和实践能力，并给予及时的反馈和指导。

## 二、水利类专业虚拟仿真教学平台的操作与维护

### （一）虚拟仿真教学平台的日常操作流程

登录是使用虚拟仿真教学平台的第一步。教师和学生需要通过统一分配的账号和密码，进入个人的教学空间。为确保系统安全，登录时应注意密码的保密性，避免泄露给他人。登录成功后，用户可以根据身份的不同，选择相应的功能模块，如教师可以进入备课、上课、批改作业等界面，而学生则可以查看课程资源、在线提问、完成测验等。

在实际教学过程中，教师需要熟练操作各种仿真工具和软件，模拟水利工程的真实场景。这就要求教师不仅要具备扎实的专业知识，还要具备及时更新信息技术的能力，跟上虚拟仿真技术的最新发展动向。例如，针对水利工程设计与施工这一模块，教师可以利用虚拟现实（VR）技术，构建逼真的三维模型，让学生身

临其境地感受工程建设的全过程。又如，在水资源规划与管理中，教师可以应用增强现实（AR）技术，将抽象的数据可视化，帮助学生更直观地理解复杂的调度方案。

学生在虚拟仿真实验中也应全身心投入，严格遵循操作规范。在进行实验前，学生要认真预习实验指导书，熟悉实验目的、原理、步骤等，并提前做好必要的准备工作。实验过程中，学生应仔细观察各种数据和现象的变化，及时记录和分析实验结果，发现和解决可能出现的问题。实验结束后，学生还应完成实验报告，总结经验教训，深化对相关知识的理解和运用。

除了课堂教学，虚拟仿真平台还为学生提供了课后自主学习的机会。学生可以利用网上的丰富资源，如视频、动画、案例等，拓展课堂所学知识。针对疑难问题，学生还可以通过在线交流的方式，与教师或其他学生探讨交流，实现共同进步。一些高校的虚拟仿真教学平台还设有专门的社区区域，既为学生营造了良好的学习氛围，又激发了其主动性和创造力。

### （二）虚拟仿真教学平台的维护与升级

从技术层面来看，虚拟仿真教学平台的维护需要专业的技术团队提供全方位支持。这包括硬件设施的日常维护与故障排除、软件系统的安全防护与性能优化、数据资源的备份与恢复等。技术团队需要制订完善的维护计划和应急预案，以确保平台的稳定运行和数据安全。同时，技术团队还需要与教学团队密切协作，根据教学需求对平台功能进行优化和拓展，为教师和学生提供更加友好、高效的使用体验。

从教学内容层面来看，虚拟仿真教学平台的升级需要紧跟学科前沿和产业发展趋势。水利学科知识更新速度快，前沿技术层出不穷，这就要求虚拟仿真教学平台的内容必须与时俱进。教学团队需要密切关注学科动态和产业需求，及时将最新的理论知识、工程案例、技术方法等引入教学过程。同时，教学团队还需要不断优化实验方案和教学设计，以提高虚拟仿真实验的针对性和实效性。通过持续的内容升级，虚拟仿真教学平台才能成为连接理论与实践的桥梁，促进学生专业能力的提升。

从用户体验层面来看，虚拟仿真教学平台的维护与升级需要重视师生的反馈。教师和学生是平台的直接使用者，他们的使用体验和意见建议是推动平台优化的重要依据。管理团队需要建立完善的用户反馈渠道，通过问卷调查、访谈座谈、在线交流等方式，广泛收集师生对平台功能、性能、内容等方面提出的评价和建议。基于师生反馈，管理团队可以有针对性地改进平台设计，完善操作流程，提供个性化服务，从而不断地提升用户满意度和教学实效性。

虚拟仿真教学平台的维护与升级还需要制度和机制来保障。学校需要将虚拟仿真教学纳入整体发展规划，提供必要的政策支持和资源投入。建立健全虚拟仿真教学平台管理制度，明确各部门职责和协作机制，规范平台运维和数据管理。同时，还需要完善虚拟仿真教学的激励和评价机制，调动教师开展虚拟仿真教学的积极性，推动虚拟仿真教学模式的创新与应用。

## （三）用户问题响应与处理机制

### 1.构建多渠道的问题反馈通道

教学平台应开设专门的问题反馈窗口，如在线客服、电子邮件、电话热线等，方便学生随时反映遇到的问题。同时，教师也应通过课堂互动、师生交流等方式，主动收集学生的问题和意见。只有畅通问题反馈渠道，才能在第一时间发现和捕捉学生遇到的困难，为及时解决问题创造条件。

### 2.高效的问题分类与派发流程

学生反馈的问题种类繁多，既有平台操作方面的技术问题，也有学习内容理解方面的专业问题。针对不同类型的问题，教学平台应建立科学的分类标准和派发流程，将问题快速分配给相应的负责人员，如技术支持人员、授课教师、教学助理等。明确的责任分工和高效的流转机制，可以大大缩短问题响应的时间，提高问题处理的效率。

### 3.规范的问题处理流程和质量监控

负责处理问题的人员应严格按照规范流程展开工作，如问题复现、原因分析、方案制定、结果确认等环节，确保每一个步骤都经过缜密思考和严格把关。同时，教学平台还应建立质量监控机制，对问题处理过程进行全程跟踪和质量评估，重点关注响应速度、解决方案的有效性以及学生的满意度等关键指标。以数据为驱动优化问题处理流程，不断提升服务质量。

### 4.完善的问题归档和数据分析机制

将学生反馈的问题和处理结果归入知识库，形成标准化的问题解决方案，可以为后续类似情况提供参考和指导，提高问题处理的效率和一致性。定期分析问题数据，总结高频问题和典型场景，找出问题的根源所在，可以帮助教学平台优化功能设计、完善操作指南，从源头上减少问题的发生。

## 三、水利类专业虚拟仿真教学的互动与反馈机制

### （一）增强教师与学生互动的虚拟仿真功能

具体而言，教师可以在虚拟仿真环境中设置开放性问题，引导学生围绕关键知识点展开讨论。这种讨论不仅能够加深学生对知识的理解，还能锻炼其批判性思维和表达能力。同时，教师应及时对学生的观点给予反馈，肯定其合理成分，纠正其错误认识，从而形成良性的互动循环。在讨论过程中，教师还可以适时引入一些拓展性问题，激发学生的好奇心和探究欲望，培养其主动学习的意识和能力。

除了讨论环节，教师还可以设计一些协作性的虚拟仿真任务，让学生在完成任务的过程中相互启发、相互促进。例如，在水利工程虚拟仿真教学中，教师可以将学生分成若干个小组，每个小组负责设计一个水利工程方案。在方案设计过程中，组内成员需要充分讨论，集思广益；组间则可以进行方案评估和优化，通过相互点评促进方案的完善。这种协作式的互动不仅能够提高学生的团队意识和沟通能力，还能让其在探索中形成系统的专业思维，为未来的工程实践奠定基础。

此外，虚拟仿真平台还应提供及时、多元的反馈渠道，便于教师掌握学生的学习进度和理解难点。一方面，教师可以在虚拟仿真环境中设置练习题和测试题，通过学生的作答情况诊断其知识掌握程度；另一方面，教师还可以利用平台的数据分析功能，跟踪学生在虚拟场景中的操作行为和决策过程，从而洞悉其思维方式和学习策略。基于这些反馈信息，教师能够有针对性地调整教学内容和方法，因材施教，提升教学的精准性和有效性。

### （二）学生之间协作学习的虚拟环境设置

虚拟仿真平台的一大优势在于其能够打破时空限制，为学生创设多样化的协作情境。借助网络技术，学生可以跨越地域，与不同院校、不同专业的学生开展协作学习。在虚拟工程项目中，学生需要分工合作，共同完成设计、施工等任务。这

一过程不仅锻炼了学生的专业技能，还培养了其沟通表达、团队协作等关键能力。与单纯的课堂学习相比，虚拟仿真环境下的协作学习更加贴近工程实际，使学生能够全面感知团队合作的重要性。

虚拟仿真平台还能够为学生营造逼真的职业情境，引导其开展角色扮演和情境模拟。通过扮演工程师、项目经理等不同角色，学生能够更深刻地理解各岗位的职责和协作要求。在仿真情境中，学生需要通力合作，解决复杂的工程难题。这一过程不仅考验学生的专业水平，更检验其团队协作和问题解决能力。学生在协作中学会换位思考，体悟沟通合作的奥秘，逐步内化团队意识和协作精神。

虚拟仿真教学还有利于实现生生互动，促进协作学习。利用虚拟平台，教师可以设计丰富多样的协作任务，引导学生开展小组讨论、头脑风暴等互动活动。在同伴间的交流碰撞中，学生能够启发思维，碰撞出智慧火花。协作学习不仅能够提升学生的参与度和主动性，更能培养其批判性思维和创新能力。生生互动使学习过程更加生动活泼，有助于营造良好的学习氛围。

虚拟仿真平台的建设和应用离不开教师的精心设计和引导。教师应结合课程目标和学情特点，精心设计协作任务和评价机制，为学生搭建良好的协作平台。在教学过程中，教师还应适时介入，引导学生开展深度互动，化解可能出现的协作障碍。只有教师与学生形成合力，才能真正发挥虚拟仿真平台的优势，推动协作学习走向深入。

### (三)吸收学生反馈优化教学流程

在日常教学中，教师应该建立多元化的反馈渠道，如课堂提问、问卷调查、个别访谈等，全方位了解学生对虚拟仿真教学的感受和需求。通过系统梳理学生反馈，教师能够准确把握其在教学中存在的问题和不足，如知识点讲解不够清晰、实验操作步骤不够明确、评价机制不够完善等，并有针对性地进行改进。

与此同时，学生反馈还能为虚拟仿真教学内容的更新和拓展提供重要参考。在教学过程中，学生往往会提出一些新颖的想法和创意，反映他们对知识的渴求和探索的热情。教师应该积极吸纳这些反馈，将其作为优化教学内容的灵感源泉。例如，学生可能会对某些前沿技术或新兴领域产生浓厚兴趣，希望在虚拟仿真教学中有所体现。教师可以据此开发新的教学项目，设计与之相关的实验环节，充实和拓展教学内容。这不仅能满足学生的学习需求，激发其学习动机，更能推动水利类专业教育与时俱进，紧跟学科发展前沿。

此外，运用学生反馈优化虚拟仿真教学内容，还有助于增强教学的针对性和实效性。不同学生的知识基础、学习风格存在差异,对教学内容的接受程度也各不相同。通过分析学生反馈,教师能够更加全面、细致地了解每一位学生的学情,进而能够因材施教,实现教学内容的个性化呈现。例如,对于基础较弱的学生,教师可以适当增加知识点的复习和巩固环节;对于学有余力的学生,教师可以提供一些拓展性的学习资源,满足其深度学习的需要。这种基于反馈的个性化教学,能够提高每一位学生的参与度和获得感,真正实现因材施教、教学相长的目标。

## 四、水利类专业虚拟仿真教学的评估与改进策略

### (一)虚拟仿真教学成效的评价方法

评价标准的制定应紧密结合水利类专业人才培养目标和虚拟仿真教学的特点。一方面,评价标准要覆盖学生专业知识、实践能力、创新意识等核心素养的提升情况,考查教学是否达成预期目标;另一方面,评价标准还应体现虚拟仿真教学的优势和特色,如沉浸式体验、探索式学习等,考查学生在虚拟环境中的参与度、主动性和获得感。评价标准的设计可采用教育目标分类法,从认知、情感、技能等维度,细化具体的观测点和评判依据,确保评价的全面性和精准性。

评价方法的选择应兼顾定量和定性、过程性和终结性评价。定量评价可借助虚拟仿真平台记录学生的学习行为数据,如学习时长、练习次数、完成质量等,客观呈现学生的参与和进步情况;定性评价可通过学生自评、互评、教师评价等方式,多维度收集反馈意见,动态调整教学策略。过程性评价贯穿教学全过程,重点考查学生的学习状态和能力发展;终结性评价在教学末期进行,重点考查学习成果和目标达成度。综合运用多元评价方法,能够全景式呈现教学成效,形成闭环的质量监控和反馈机制。

此外,虚拟仿真教学成效评价还应注重学生反馈和社会评价。通过问卷调查、访谈等方式,了解学生对教学内容、方式、资源的满意度和接受程度,发现学生学习需求和体验痛点;引入行业专家、毕业生等外部视角,评估教学内容的前沿性、实践性和岗位适配性,提升人才培养的针对性和有效性。学生反馈和社会评价是教学改进的重要参考,为持续更新完善教学方案提供了可靠依据。

### (二)基于评估结果的教学改进计划

教学评估应该采取多元化的方式,全方位、多角度地考查学生的学习效果。

传统的期末考试固然重要，但更应该重视过程性评价，考查学生在虚拟仿真实验中的表现，以及其对知识的实际运用能力。同时，评估还应该关注学生的情感态度，通过问卷调查、访谈等方式了解其学习体验和满意度。只有综合运用各种评估手段，才能准确地把握教学效果，为改进计划的制订提供可靠依据。

在评估结果的基础上，教师应该认真分析存在的问题，探究其深层次原因。例如，如果学生在某些关键知识点上普遍存在理解偏差，教师就需要反思教学设计是否合理，是否需要调整教学内容的深度和广度。又如，如果学生反映虚拟仿真实验操作不够流畅，教师就应该检查平台设置是否科学，是否需要优化实验流程。只有准确诊断出问题的症结，才能开出对症下药的教学改进良方。

在制订教学改进计划时，教师应该坚持问题导向，针对评估中发现的突出问题，提出切实可行的解决方案。改进计划要具有可操作性，明确改进的目标、内容、措施和时间节点，做到任务细化、责任到人。同时，改进计划还应该与教学目标相契合，确保改进措施能够切实提升学生的专业能力和综合素质。

### （三）推动持续改进的机制建设

1.建立多元化的教学评估指标，全面考查虚拟仿真教学的各个环节

这些指标不仅要关注学生的学习成果，如知识掌握程度、实践能力提升等，还要重视教学过程中的关键要素，如教学内容的针对性、教学方法的有效性、师生互动的频率和质量等。只有建立起全面、客观、准确的评估体系，才能为教学改进提供可靠依据。

2.根据评估结果制定针对性的教学改进措施

这些措施要立足于提升教学质量，切实解决评估中发现的问题和不足。例如，针对虚拟仿真实验内容与课程目标契合度不高的问题，教师可以通过优化实验方案设计、补充相关理论知识等方式来加以改进；针对学生参与度不高的问题，教师可以采取增加互动环节、丰富实验项目等策略来调动学生的学习积极性。教学改进措施的制定要遵循“问题导向、目标引领、注重实效”的原则，切实提高虚拟仿真教学的质量和效果。

3.建立起常态化、制度化的运行机制

这就要求学校和院系在政策、资源等方面为教学改进提供必要的支持和保

障，将其纳入教学管理和教师考核的整体框架之中。同时，还要营造良好的教学文化氛围，鼓励教师积极参与教学改进，并给予物质和精神奖励。只有形成全员参与、全过程育人的工作格局，才能真正将教学改进落到实处，取得实实在在的成效。

## 第三节　虚拟仿真在水利类专业教育中的应用实践

### 一、虚拟仿真技术在水利工程设计教学中的应用

#### （一）课程内容与虚拟仿真的结合方式

在理论知识讲授环节，教师可以利用虚拟仿真技术直观地展示水利工程设计的基本原理和关键步骤，帮助学生快速建立起系统的知识框架。例如，通过三维动画模拟水流的运动规律，学生能够更加深入地理解水力学的基本概念和计算公式。同时，虚拟仿真技术还可用于演示复杂的设计方案，使抽象的设计思路变得具体且易于理解。

在实践教学环节，虚拟仿真技术的优势更加凸显。传统的水利工程设计实训往往受到场地、设备、安全等因素的限制，学生难以全面参与设计过程的各个环节。而虚拟仿真技术可以打破这些限制，为学生提供一个逼真的设计平台。在虚拟环境中，学生可以参与设计方案的选择、优化和评估等关键步骤，并通过反复试验不断完善自己的设计方案。这种沉浸式的学习体验，不仅能够激发学生的学习兴趣，更能有效地培养其工程实践能力和创新意识。

此外，虚拟仿真技术在课程考核评价中也大有作为。传统的水利工程设计考核往往以卷面成绩为主，难以全面评价学生的实际能力。而基于虚拟仿真的考核方式，可以通过设置开放性的设计任务，考查学生运用所学知识分析问题、解决问题的能力。这种考核方式不仅能够促进学生综合能力的提升，也有助于教师及时发现其教学过程中的不足，不断优化教学内容和方法。

#### （二）学生设计能力的培养

通过虚拟仿真平台，学生可以接触到各类水利工程设计项目，如水坝、水闸、引水隧洞等，并参与其中的方案制定、参数设置、模型构建等环节。在这一过程

中，学生需要综合运用水利学、工程力学、材料科学等多学科知识，分析工程所处的地质、水文条件，研究各种技术方案的可行性，最终完成设计方案的优化与确定。这种沉浸式的学习方式，不仅加深了学生对理论知识的理解，更锻炼了其分析问题、解决问题的能力。

此外，虚拟仿真技术还可以模拟各种复杂的工况条件，如洪水、地震等极端情况下水利工程的受力状态和结构响应。通过对这些情景的模拟分析，学生能够直观地认识到不同设计方案的优劣，理解设计参数调整对工程安全的影响，从而掌握设计的关键技术要点。这种基于仿真的探索性学习，激发了学生的创新意识，培养了其工程思维和设计能力。

需要指出的是，虚拟仿真技术的应用并非要取代传统的教学方式，而是要与之相互补充、相得益彰。在实际教学中，教师应根据教学内容和学生特点，合理设计仿真实验项目，引导学生开展自主探究。同时，还应注重培养学生的团队协作意识，通过分组项目、竞赛等方式，让学生在合作中提升设计水平。只有在虚实结合、师生互动的过程中，虚拟仿真技术的优势才能得到充分发挥。

### (三)教学效果评估

教学效果评估应着眼于学生知识掌握和能力提升的情况。通过对学生的考试成绩、课堂表现、实践操作等情况进行分析，可以较为客观地反映虚拟仿真技术对学生学习效果的影响。数据显示，运用虚拟仿真技术进行教学后，学生对水利工程设计原理和方法的理解更加深入，设计方案的合理性和创新性也有明显提高。这表明，虚拟仿真技术能够帮助学生建立起完整、系统的知识架构，激发其探索未知、创新求变的热情。

教学效果评估还应关注学生的学习体验和满意度。采用问卷调查、访谈等方式，可以全面了解学生对虚拟仿真技术辅助教学的感受和评价。调研结果表明，绝大多数学生对这种新颖的教学模式持欢迎态度。他们普遍认为，虚拟仿真技术营造了身临其境的学习情境，使抽象的设计原理变得直观、形象，极大地提高了学习兴趣。同时，学生也对虚拟仿真实训平台的功能性和交互性给予了高度评价，认为它为自主探索、动手实践提供了便利。学生的积极反馈表明，虚拟仿真技术不仅有助于知识的传授，更能激发学习热情、培养创新精神。

教学效果评估还需要立足教学目标，从能力培养的角度进行考量。水利工程设计是一项复杂的系统工程，不仅需要扎实的理论基础，更需要缜密的逻辑思维和熟练的实践技能。引入虚拟仿真技术后，学生可以在虚拟环境中反复进行方案设计、仿真模拟和效果评估，从而锻炼发现问题、分析问题、解决问题的能力。通过对学生设计作品的评阅和毕业去向的追踪，可以发现他们在创新思维、动手能力、团队协作等方面都有了明显的进步，较好地适应了工程设计岗位的要求。由此可见，虚拟仿真技术在能力培养方面具有独特优势，为培养高素质工程设计人才提供了有力支撑。

## 二、虚拟仿真技术在水利工程施工教学中的应用

### (一)模拟施工环境构建

构建高质量的虚拟施工环境需要整合多学科知识，综合运用建筑学、水利工程学、计算机图形学等领域的理论和技术。首先，要根据水利工程的特点，精心设计施工场景，包括地形地貌、水文条件、气象环境等，力求还原施工现场的真实状况。其次，要对施工过程进行科学的工艺分解和流程再现，将复杂的施工活动转化为可视化、可操作的虚拟任务。最后，要充分利用计算机图形学、人机交互等技术手段，优化场景渲染效果，提供逼真的视听感受，设计友好的操作界面，方便学生与虚拟环境的互动。

此外，构建虚拟施工环境还需要与现实工程实践紧密结合。一方面，要深入施工一线，收集第一手的工程资料、施工数据，为虚拟环境的构建提供翔实依据；另一方面，要与工程技术人员、施工管理人员密切合作，吸收他们的实践经验和专业见解，使虚拟环境更加贴近工程实际。同时，还应该建立完善的虚拟环境更新机制，根据水利工程施工技术的发展变化，对虚拟环境进行及时补充和优化，保证其先进性和实用性。

高质量的虚拟施工环境是开展水利工程施工虚拟仿真教学的基础。它能够打破传统教学模式的局限，为学生提供身临其境的学习体验，激发学生的学习兴趣，培养学生的工程实践能力。在虚拟环境中，学生可以全面了解水利工程施工的全过程、关键环节，掌握施工的基本方法和技能；教师则可以通过虚拟平台，生动、直观地讲解抽象的理论知识，组织开展丰富多样的教学活动。可以说，虚拟施工环境的构建，既是教学方式的革新，更是学习方式的变革，对于提升水利工程施工教学质量具有重要意义。

### (二)施工过程管理与实训

在虚拟施工现场中，学生可以亲身体验不同施工阶段的特点和难点。例如，

在基础施工阶段，学生需要根据地质条件选择合适的基础形式，优化施工方案，控制成本和工期。而在主体结构施工阶段，学生则要协调各专业之间的配合，合理安排施工顺序，确保结构质量和施工安全。通过在虚拟环境中反复演练，学生能够较快地适应实际施工管理的复杂性和不确定性，提高动手能力和决策水平。

此外，虚拟仿真技术还为开展施工现场应急演练提供了理想平台。在现实施工中，安全事故、质量缺陷等突发情况时有发生，对施工管理人员的应变能力提出了较高要求。利用虚拟仿真系统，教师可以设计多种典型应急场景，如塔吊倒塌、深基坑坍塌、危化品泄漏等，引导学生分析事故原因，制订应急预案，模拟救援过程。这种训练不仅能提高学生的安全意识和风险防范能力，也有助于培养其临危不乱、果断处置的职业素养。

值得一提的是，虚拟仿真技术与BIM、大数据等先进技术的融合，为创新施工管理模式提供了广阔空间。通过将BIM模型导入虚拟仿真系统，可以实现对施工全过程的可视化管控，包括工程量计算、进度模拟、资源优化配置等。学生可以利用这一平台，探索精细化管理、柔性化生产等新理念在施工组织中的应用，进而优化施工方案，提升管理水平。同时，虚拟施工过程产生的海量数据也为教学研究提供了宝贵素材，有助于教师挖掘工程管理的潜在规律，改进教学内容和方法。

在实际教学中，高校可以根据专业特点和教学需求，有针对性地开发虚拟仿真项目。例如，以水利水电工程专业为例，可以重点建设大坝工程、引水隧洞工程等典型项目的虚拟施工系统，突出水利工程施工的行业特色。同时，还可以将虚拟仿真项目与相关理论课程相结合，促进理论与实践的深度融合。例如，在《工程项目管理》课程中，学生可以利用虚拟仿真平台完成施工组织设计、合同管理、成本控制等实践任务，加深对相关理论知识的理解和运用。

### （三）安全教育与事故模拟

在虚拟仿真环境下，教师可以设计各种典型的施工事故情景，如高空坠落、物体打击、机械伤害等，让学生在虚拟空间中亲身经历事故发生的全过程。通过分析事故原因、观察事故后果，学生能够更加直观地认识到违章操作、无视规程的严重性，加深对安全生产重要性的认识。同时，虚拟仿真技术还能模拟各种复杂的施工环境和极端天气状况，使学生提前适应恶劣施工条件，掌握应对突发状况的方法，从而全面提升其安全防护技能。

此外，虚拟仿真技术在事故应急演练和救援培训中也大有作为。传统的应急演练往往受场地、设备、人员等条件的限制，难以完全模拟真实事故状况。而利用虚拟仿真技术，可以自由设计多种事故场景，让学生反复练习应急处置流程，熟悉各种救援设备的使用方法，提高其临危不乱、果断应对的能力。这种沉浸式、体验式的学习方式，不仅能够强化学生的安全技能，更能培养其冷静、果敢、机智灵活的职业素养。

## 三、虚拟仿真技术在水利工程管理教学中的应用

### (一)管理流程虚拟化

具体而言，虚拟仿真技术可以将水利工程管理的各个环节，如规划、设计、施工、运维等，以三维可视化的形式呈现出来。学生通过沉浸式的交互体验，能够更加直观地理解每个管理环节的内容和要点。例如，在工程规划阶段，学生可以通过虚拟场景勘查现场条件，优化工程布局；在设计阶段，学生可以利用虚拟建模工具进行方案设计和优化；在施工阶段，学生可以模拟施工进度控制、质量管理、安全管理等关键环节；在运维阶段，学生可以模拟开展设备巡检、维修养护等管理工作。

通过虚拟仿真技术构建的管理流程学习平台，学生不仅可以系统把握管理的全局，还能在反复操作中强化对关键环节的认知。与传统教学相比，虚拟仿真让学生能够主动参与到管理流程中，提高了学习的参与度和积极性。同时，虚拟仿真还能为学生提供个性化的学习体验，根据学生的特点和需求，设计不同的学习任务和场景，实现因材施教。

此外，虚拟仿真技术还可用于创设复杂的管理决策情景，培养学生的管理思维和决策能力。例如，在工程进度控制中，学生需要权衡各种影响因素，优化资源配置，确保工程按期完成；在成本管理中，学生需要在质量、进度和成本之间寻求平衡，做出最优决策。这些情景的模拟有助于学生理解管理决策的复杂性，提高其分析问题和解决问题的能力。

### (二)成本与资源管理模拟

构建逼真的虚拟工程环境是实现成本与资源管理教学目标的关键。利用三维建模、虚拟现实等技术，可以创造出高度仿真的水利工程场景，包括地形地貌、水文特征、工程结构等。学生置身其中，能够直观感受工程的规模和复杂程度，了

解不同环节之间的相互影响和制约关系。在此基础上，教师可以设计各类教学任务，如成本估算、资源配置、进度控制等，引导学生运用所学知识解决实际问题。这一过程不仅能够巩固学生的理论基础，更能锻炼学生分析问题、制定方案的能力。

虚拟仿真平台还为学生提供了丰富的数据支持和分析工具，使其能够从多角度、多层次评估成本和资源管理的绩效。例如，通过模拟不同方案的实施效果，学生可以比较和优化资源配置策略；通过动态跟踪成本和进度数据，学生可以及时发现并纠偏潜在风险。这些实践活动不仅能够拓宽学生的思路，提高其分析和决策水平，更能培养其成本和效益平衡的意识，树立精细化管理的理念。

此外，虚拟仿真技术还为教学组织提供了更大的灵活性和便利性。传统的工程管理课程往往受制于现场条件和安全因素，学生难以全面接触项目运作的各个环节。而虚拟仿真平台突破了时空限制，使学生能够随时随地开展实践探索。同时，平台还集成了各类教学资源，如案例库、知识库等，为学生的自主学习和拓展提供了有力支持。

### （三）风险评估与决策训练

在风险评估培训中，虚拟仿真技术可以帮助学生建立起系统、全面的风险认知。通过构建逼真的三维工程场景，学生能够直观地感知各类风险因素，如地质条件、水文状况、气象变化等。同时，利用大数据分析和智能算法，虚拟仿真系统能够实时计算和预测风险发生的概率和影响程度，使学生对风险有更加量化、精准的把握。在虚拟环境中，学生还可以反复试验不同工况下的风险状况，积累丰富的风险评估经验。这种实践性、探索性的学习，能够锻炼学生的风险分析和判断能力，为其未来从事水利工程风险管理工作奠定坚实基础。

在决策制定培训中，虚拟仿真技术为学生提供了一个安全、高效的实践平台。学生可以在虚拟工程项目中扮演决策者角色，针对不同风险情景制定危机应对预案、资源调度方案、工程优化措施等。与真实工程决策相比，虚拟仿真环境允许学生反复尝试、优化决策方案，而无须担心失误带来的现实后果。通过模拟决策的制定和执行过程，学生能够深刻理解决策的复杂性和艰巨性，学会从全局和长远角度思考问题。同时，虚拟仿真系统也为学生提供了大量真实工程案例的数据，帮助其总结优秀决策的特点，规避失误决策的教训。这种基于真实案例的经验学习，能够拓宽学生的决策视野，提升其决策水平。

# 第五章　信息技术与水利类专业教育模式的融合实践

## 第一节　信息技术在水利类专业教育中的应用

### 一、信息技术在水利类专业课堂教学中的应用

#### (一)互动式电子白板在水利教学中的运用

互动式电子白板集多媒体演示、书写绘画、交互操作等功能于一体,为提高课堂互动性、激发学生学习兴趣提供了有力支持。在水利工程制图、水利工程材料、水文学与水资源等课程教学中,教师可以利用电子白板直观地展示工程图纸、材料实物、水文模型等教学内容,帮助学生建立直观、具象的认知。

电子白板还能够支持多人同时书写和操作,极大地促进了师生互动和生生互动。教师可以邀请学生在电子白板上展示思路、标注要点,引导全班同学展开讨论;学生也可以通过电子白板分享自己的观点、交流彼此的想法,在互动碰撞中加深对知识的理解。这种参与式、对话式的互动模式,不仅活跃了课堂氛围,也有助于培养学生的表达能力和批判性思维能力。

此外,电子白板还为实现因材施教、个性化学习提供了可能。教师可以根据学生的学习特点和认知水平,灵活调整电子白板上的演示内容和呈现方式,进行针对性的讲解和指导。学生也可以利用电子白板记录自己的学习心得、标注重难点,便于后续的复习和巩固。

#### (二)计算机辅助教学软件的开发

以水力学课程为例,计算机辅助教学软件可以模拟流体在管道中的流动状态,清晰展示流速、压强等参数的变化规律。学生通过观察和操作,能够更深入地理解流体力学的基本原理,掌握管道设计的关键要素。同时,软件还可以设置各种工况参数,让学生探索不同条件下的流动特性,培养其分析问题、解决问题的能力。这种沉浸式、交互式的学习方式,大大提高了学生的学习兴趣和主动性。

在水利工程设计课程中，计算机辅助教学软件同样发挥着重要作用。在传统教学中，学生往往难以对复杂的水利工程有整体的认识，更谈不上参与方案的设计和优化。而利用三维建模、虚拟现实等技术开发的教学软件，能够生动再现水利工程的全貌，让学生身临其境地感受工程的宏大与精巧。通过对不同方案的比选和模拟，学生可以深入理解设计参数对工程性能的影响，提高工程设计和决策的能力。这种基于实践、融合创新的教学模式，培养了学生的工程思维和创新意识。

计算机辅助教学软件在水利类专业实验教学中同样大有作为。水利实验常常受到场地、设备、安全等条件的限制，学生难以获得充分的实践机会。而虚拟仿真实验教学软件则突破了这些限制，让学生足不出户就能开展各种水利实验。例如，利用数值模拟技术开发的水库调度实验软件，可以模拟各种水文情景，让学生制定和优化调度方案，全面提升其水资源管理能力。通过反复试错和优化，学生能够深刻领会水利系统的复杂性和不确定性，培养稳健审慎的工程决策意识。

当然，计算机辅助教学软件要真正发挥促进水利类专业教学的作用，还需要教师在教学实践中不断探索和完善。一方面，教师要根据教学内容和学生特点，甄选和开发高质量的教学软件，确保其科学性、先进性和实用性。另一方面，教师要创新教学组织形式，合理融合软件辅助教学和传统教学方法，引导学生深度参与、主动思考，真正实现教学相长。只有不断探索和创新，才能充分发挥计算机辅助教学软件的优势，提升水利类专业教育的质量和效果。

### (三)在线课堂与远程直播

在线课堂与远程直播的应用，极大地拓展了水利类专业教育的广度和深度。教师可以利用网络平台，为学生提供丰富多样的学习资源，如视频讲解、案例分析、虚拟仿真等，使抽象的水利知识变得更加直观、生动。学生通过在线学习，能够根据自己的学习进度和节奏，反复观看和思考教学内容，加深对水利原理和方法的理解。同时，在线课堂还能够促进学生之间的交流与合作，通过在线讨论、小组协作等方式，培养学生的团队意识和沟通能力。

远程直播技术的应用，使得水利类专业教育不再局限于课堂和实验室。学生可以通过网络，实时观察水利工程现场的施工过程，了解水利工程项目的运作流程和管理模式。这种沉浸式的学习体验，能够帮助学生将理论知识与实践应用相结合，提高其分析问题、解决问题的能力。此外，远程直播还能够实现校企合作，学校通过邀请水利行业的专家和工程师进行在线指导，让学生及早接触行业前沿，了解职业发展方向。

## 二、信息技术在水利类专业实验教学中的应用

### (一)虚拟仿真实验

虚拟仿真实验的一大优势在于其安全性。传统的水利工程实验往往涉及大型设备、高压水流等危险因素，稍有不慎就可能造成人员伤亡和设备损坏。而虚拟仿真实验则将这些风险降到最低，让学生可以在安全的虚拟环境中反复操作，而无须担心现实后果。这不仅保障了学生的人身安全，也避免了昂贵仪器设备的损耗，还降低了实验教学成本。

与此同时，虚拟仿真实验还大大提高了实验教学的效率。在传统实验教学中，由于场地、设备、时间等方面的限制，学生往往难以获得充足的动手操作机会。而虚拟仿真实验打破了这些限制，学生可以根据自己的学习进度，随时随地进行实验练习。通过反复操作，学生能够更快速、更扎实地掌握实验技能，提升实践能力。

此外，虚拟仿真实验还能够模拟现实中难以实现的极端工况，拓展实验教学的广度和深度。例如，在现实中很难观察到水库溃坝、洪水泛滥等灾害性事件，但虚拟仿真技术却能够逼真地再现这些场景，让学生身临其境地感受水利工程的复杂性和重要性。通过模拟不同工况下水利工程的运行状态，学生能够全面理解水利原理，培养工程思维和创新意识。

只有将二者有机结合，才能真正实现优势互补，提升实验教学质量。在虚拟仿真实验中，教师应注重引导学生将虚拟操作与现实问题相联系，鼓励其将实验所得运用到实际工程中。同时，教师还应创设开放性的实验任务，培养学生分析问题、解决问题的能力，而不是机械地重复操作步骤。

### (二)数据采集与分析技术

高精度、多功能的智能传感器能够实时、动态地感知水利实验对象的各项物理参数，如水位、流速、压力等，并将其转化为标准化的数字信号。这些信号通过无线通信网络实现远程、实时的传输，突破了传统实验方式中数据采集的时空限制。海量实验数据的汇聚为水利实验的大数据分析奠定了基础。先进的数据挖掘算法能够从纷繁复杂的数据中提取隐藏的关联规律和内在机理，揭示水利系统

运行的本质特征。可视化分析技术则将抽象的数据转化为直观、生动的图形图像，方便研究人员解读实验结果，把握实验对象的整体特性。

数据采集与分析技术在水利实验中的应用，极大地提升了实验的精准性和效率。传统的人工采集数据往往存在主观误差，而且耗时费力，难以满足现代水利实验的需求。而智能传感器能够以极高的采样频率和分辨率，持续、稳定地记录实验数据，最大限度地减少了人为因素的干扰，保证了数据的客观性和连续性。大数据分析技术则能够在短时间内处理海量实验数据，快速发现关键信息和规律特征，大幅缩短了实验分析的周期，提高了研究效率。数据可视化技术更是为研究人员提供了全新的视角，以更加形象、直观的方式展现复杂的实验结果，激发探索未知的灵感和洞见。

在具体应用中，数据采集与分析技术为水利实验的创新发展注入了新的活力。例如，在水工建筑物的安全监测实验中，传感器网络能够全方位、多参数地采集建筑物的变形、应力等状态信息，及时发现潜在的安全隐患。在水力机械的性能测试实验中，高速数据采集系统能够精确记录转速、扬程等动态参数，为优化设计提供可靠依据。在水环境质量评估实验中，大数据分析技术能够综合多源数据，科学评估水体污染状况，为治理决策提供有力支撑。这些创新应用极大地拓展了水利实验的广度和深度，为解决现实水利问题、推动水利事业发展提供了新思路和新方法。

### (三)实验远程监控系统

从知识层面来看，实验远程监控系统有助于加深学生对水利原理、设备操作等知识点的理解和掌握。学生通过系统观察实验现象、分析实验数据，能够更加直观、深入地认识水利学原理在实践中的应用，构建起完整、系统的水利专业知识体系。此外，远程监控系统还能向学生展示水利领域最新的技术手段和研究进展，拓宽其学术视野，激发其专业学习的兴趣。

从能力层面来看，实验远程监控系统为培养学生的实践创新能力提供了有力支撑。在实验过程中，学生需要根据研究目的设计实验方案，选择合适的仪器设备，控制实验变量，分析实验结果。这一系列环节对学生逻辑思维、动手操作、团队协作等关键能力的培养都具有重要价值。远程监控系统还能及时捕捉学生在实验中的创新思路和独特见解，鼓励其勇于探索、敢于尝试，培养其科学创新精神。

从管理层面来看，实验远程监控系统实现了实验教学过程的信息化、规范化管理。教师通过系统能够合理调配实验资源，优化实验项目设置，提高实验室使用效率。同时，系统还能自动生成实验报告、成绩单等教学文档，减轻教师的工作负担。学生也能通过系统及时了解自己的实验表现和学习进度，客观评估自己的学习效果，制订针对性的学习计划。这种信息化的管理模式有利于实现实验教学的科学化、精细化，从而全面提升实验教学质量。

## 三、信息技术在水利类专业远程教育中的应用

### （一）网络课程与资源库的构建

通过建设高质量的网络课程，教师可以将水利专业知识系统化、结构化地呈现出来，利用多媒体技术生动形象地阐释抽象的概念和原理，激发学生的学习兴趣。同时，网络课程还能够支持个性化学习，学生可以根据自己的学习基础和认知特点，灵活调整学习进度和学习路径，实现因材施教。

与网络课程相辅相成的是水利专业资源库的构建。资源库囊括了与水利学科相关的各类学习资源，如教学课件、实验指导、案例分析、专业文献等。这些资源的数字化、集成化管理，为学生的自主学习提供了丰富的素材。学生可以根据学习需求，随时检索和获取所需资源，拓宽知识视野，加深专业理解。资源库的建设有利于实现优质教育资源的共建共享，促进教学资源的不断积累和更新，为水利专业教育注入持久动力。

网络课程与资源库的建设需要教师在教学理念和教学方式上作出变革。教师不再是单纯的知识传授者，而是学习过程的设计者、组织者和引导者。教师需要充分发挥信息技术的优势，合理设计课程内容和学习活动，为学生营造良好的网络学习环境。同时，教师还要加强与学生的在线互动和交流，及时解答学生疑问，引导学生开展探究性学习，提升其自主学习能力。只有实现教师角色的转变，才能真正发挥网络课程和资源库的育人功能。

网络课程与资源库的应用效果评估也不容忽视。教师应该建立完善的学习过程监测和学习结果评价机制，实时跟踪学生的在线学习行为，分析学习数据，诊断学习问题。通过形成性评价和总结性评价相结合，客观评估学生的学习效果和能力提升情况，并据此优化课程设计和资源建设。只有建立起科学的质量监控和持续改进机制，才能不断提高网络课程和资源库的建设水平，使其更好地服务于学生的终身学习和可持续发展。

### (二)在线互动平台的应用

通过视频会议、即时通信、在线白板等多种工具,教师能够与学生实时交流,及时解答疑问,为其提供个性化指导。这种实时互动不仅能够增强师生之间的情感联结,还能够提高学生的参与度和学习动机,促进教学效果的提升。

在线互动平台还为教学内容和形式的创新提供了广阔空间。教师可以利用平台的多媒体功能,将文字、图像、音视频等多种形式的教学资源整合到教学过程中,创设生动形象、寓教于乐的学习情境。例如,在水利工程施工技术课程中,教师可以通过三维动画模拟施工过程,帮助学生直观地理解复杂的工艺流程;在水文与水资源专业课程中,教师可以利用在线地理信息系统(WebGIS)平台,引导学生分析区域水文特征,开展水资源调度方案设计。这些创新的教学方式不仅能够激发学生的学习兴趣,还能够培养其分析问题、解决问题的实践能力。

此外,在线互动平台还为学生的协作学习和自主探究提供了有力支撑。学生可以通过平台组建学习小组,开展专题研讨、项目协作等多种形式的团队学习活动。在协作过程中,学生不仅能够相互启发、取长补短,还能够锻炼沟通表达、团队合作等关键能力。平台还提供了丰富的学习资源库和智能化学习工具,如在线课程、虚拟仿真实验、知识图谱等,为学生的个性化学习和自主探究提供了便利。学生可以根据自己的学习需求和节奏,灵活地选择学习内容和方式,实现学习过程的自我调控与优化。

要充分发挥在线互动平台在水利类专业教学中的优势,还需要教师角色的转变和教学设计的优化。教师应从"知识的传授者"转变为"学习的引导者",针对学生的认知特点和学科特色,精心设计教学内容和活动,引导学生主动思考、积极参与。同时,教师还应重视线上线下教学的有机结合,将在线互动平台与课堂教学、实习实训等环节紧密衔接,构建起融合化的教学生态系统。只有不断探索在线互动教学的新模式、新路径,才能真正实现信息技术与水利类专业教育的深度融合,提升人才培养质量。

### (三)移动学习应用的开发

移动学习应用的开发有利于突破时空限制,实现学习资源随时随地获取的可能。水利类专业知识体系庞大,学习内容繁杂,传统课堂教学难以全面覆盖。而移动学习应用可以将教学内容数字化,构建起丰富多样的学习资源库,学生可以根据自身需求，利用碎片化时间进行学习，极大地提高了学习的灵活性和便捷性。同时，移动学习应用还能够利用大数据技术，对学生的学习行为进行分析，为其提供个性化的学习推荐，实现精准教学。

移动学习应用的开发有助于创新教学模式，提升教学互动性。传统水利类专业教学以教师讲授为主，学生被动接受知识，师生互动不足。而移动学习应用可以为教师和学生搭建起便捷的交流平台，教师可以通过应用发布学习任务、组织在线讨论，学生可以利用应用进行自主探究、协作学习，真正实现“教学相长”。移动学习应用还可以利用虚拟现实、增强现实等技术，为学生营造身临其境的学习情境，提高其学习兴趣和参与度。

移动学习应用的开发有利于培养学生自主学习能力和创新精神。在移动学习环境下，学生不再是被动的知识接受者，而是学习的主人。他们可以根据自身兴趣和需求，自主规划学习进程，选择学习内容和方式。这种自主学习模式有利于激发学生的内在动机，提高学习效率。同时，移动学习应用可以为学生提供开放性的学习资源和工具，鼓励其开展探究式学习，培养创新思维和实践能力，这正是新时代水利人才所必备的关键素质。

## 第二节　水利类专业信息化教学资源的开发

### 一、水利类专业信息化教学资源的类型与特点

#### （一）资源类型划分

1.课件

课件是指将教学内容按照一定的教学目标和教学策略，利用多媒体技术进行加工处理后形成的课程软件。它融合了文本、图像、音频、视频、动画等多种媒体元素，具有直观性强、表现力丰富的特点。利用课件辅助教学，能够有效吸引学生的注意力，激发其学习兴趣，加深其对抽象概念和复杂过程的理解。同时，课件制作相对简单，使用灵活方便，是目前应用最为广泛的信息化教学资源类型之一。

2.模拟软件

模拟软件是基于数学模型和仿真算法，对水利工程中的各种物理现象、工艺

流程进行虚拟再现的应用程序。通过参数设置和人机交互，学生可以在虚拟环境中观察水流运动、结构受力、设备运行等的过程，并进行各种假设条件下的模拟试验。这种探究式、体验式的学习方式有助于加深学生对专业知识的理解，提高分析问题和解决问题的能力。此外，模拟软件还可以弥补实际教学条件的不足，降低教学成本和安全风险。

3.在线课程

在线课程则是指基于互联网技术，以在线学习为主要形式开展的系统化课程教学。它打破了传统面授教学的时空限制，为学生提供了更加开放、灵活的学习方式。学生可以根据自身需求，自主安排学习进度和学习路径。丰富的在线学习资源和及时的师生互动，也大大拓展了学习的广度和深度。对于跨校、跨地区的教学资源共享，在线课程也提供了高效便捷的实现途径。

除了上述三种主要类型，水利类专业信息化教学资源还包括电子教材、在线题库、虚拟实验等形式。数字化教材可以通过超链接、搜索等功能，方便学生快速定位和获取所需知识点。在线题库和自动评估系统，能够为学生提供海量的练习机会和即时的反馈，有助于巩固知识，找出薄弱环节。虚拟实验则利用三维建模和虚拟现实技术，构建逼真的实验场景和操作界面，在节约实验耗材和保证安全的同时，提供反复训练的机会。

### (二)各类型特点分析

多媒体课件集合了文字、图像、音频、视频等多种表现形式，能够生动形象地呈现教学内容，激发学生的学习兴趣。利用超链接、按钮等交互元素，学生可以自主探索知识，加深理解和记忆。模拟仿真软件则通过虚拟场景和参数调节，让学生在安全的环境中练习操作技能，获得身临其境的体验。这种沉浸式学习有助于理论与实践的联系，培养学生分析问题、解决问题的能力。在线课程打破了时空限制，学生可以随时随地访问优质教育资源。录播课程允许反复观看，适应不同学习进度；直播课程实现了师生实时互动，及时解决疑问。在线学习有利于学生个性化、自主化学习，是课堂教学的有益补充。

信息化教学资源易于修订和更新，能够紧跟学科前沿和技术发展。相比于出版周期较长的纸质教材，电子资源修改发布更加便捷灵活。教师可以根据教学反馈动态优化内容，吸收新知识、新方法、新案例，使课程内容常更常新。版本迭代的及时性尤为重要，及时更新版本既能纠正错误，又能引入新知，有利于学生及时掌握最新最全的专业知识体系。资源的持续更新也意味着终身学习的观念，引导学生树立与时俱进的意识。

数字化的信息资源极大地促进了优质教育资源的共建共享。相对于实体资源，电子资源复制传播的成本更低、效率更高。通过网络平台，可以跨区域、跨校际整合优秀教师的智慧结晶，实现资源的集约化开发和规模化应用。教师可以选用已有的优秀资源，不必重复建设，从而能够聚焦教学设计和师生互动。学生也能在更大范围内获取资源，扩大知识视野。这种开放共享的理念有利于缩小校际差距，促进教育公平。

### （三）信息化教学资源与传统资源的对比

从类型上看，传统教学资源主要包括教材、教参、挂图等实物资源，而信息化教学资源则涵盖了电子课件、教学软件、虚拟仿真实验等数字化资源。这种差异源于信息技术的迅猛发展，数字化、网络化已经成为教育资源建设的大趋势。

在特点方面，信息化教学资源具有交互性、共享性、时效性等优势。学生可以通过人机交互，实现与教学内容的互动性探究，大大提升了学习的趣味性和参与度。网络平台为优质教学资源的共建共享提供了便利，打破了时空限制，使学生能够随时随地获取所需资源。信息化教学资源还易于修正和更新，能够紧跟学科前沿动态，保证内容的先进性和准确性。相比之下，传统教学资源受制于物理形式，在交互性、共享性、时效性等方面都难以企及。

信息化教学资源在教学应用中也表现出独特优势。以水利类专业为例，虚拟仿真技术的运用能够再现复杂的水利工程场景，使学生身临其境地感知水流运动、结构受力等过程，加深对专业知识的理解。三维动画、视频等形式生动、直观，有助于将抽象概念形象化，化繁为简，提高教学效果。大数据分析技术还能够为教师提供学情反馈，实现因材施教和个性化学习。而传统教学资源在应用方式上较为单一，难以满足信息时代学生的多元化学习需求。

信息化教学资源在推动教育创新的同时，也对教师的信息素养和课程设计能力提出了更高要求。教师需要与时俱进，不断更新知识结构，熟练掌握信息化教学手段，将信息技术与教育教学深度融合。同时还要重视线上线下资源的有机结合，避免盲目追求信息化而忽视了传统资源的价值。只有协调好二者之间的关系，才能真正发挥信息化教学资源的优势，构建起科学、高效的教学资源体系。

## 二、水利类专业信息化教学资源的设计原则

### (一)教学目标导向原则

具体来说,教学目标导向原则主要体现在以下方面。

1.教学资源的选择和组织要以教学目标为依归

教师在遴选教学资源时,应充分考虑资源的针对性和适用性,优先选用那些能够直接服务于教学目标达成的资源。同时,教学资源的呈现方式和组织逻辑也要适应教学目标的要求,采用恰当的媒体形式和表现手法,让学生能够更加清晰、直观地理解和掌握教学内容。

2.教学资源的难度和深度要与教学目标相匹配

教学目标既要考虑学科知识体系的系统性和完整性,又要兼顾学生认知水平和接受能力的差异性。因此,在开发教学资源时,教师要根据教学目标的要求,合理设置资源的难易程度和探究深度,既要覆盖学科核心知识和关键能力,又要为不同层次的学生提供个性化的学习支持。

3.教学资源的应用和评价要以教学目标为标准

教学资源的价值最终要通过教学实践来体现。因此,教师在应用教学资源时,要密切关注资源对教学目标达成的促进作用,客观评估教学资源的使用效果。根据学生的学习反馈和评价数据,及时优化和改进教学资源,不断提升资源的针对性和实效性,更好地为教学目标服务。

4.教学目标本身要具有前瞻性和可检测性

教学目标不是一成不变的,而是要随着时代发展和学科进步而不断调整和优化。水利类专业面临着日新月异的技术变革和行业挑战,这就要求教学目标必须具有前瞻性,引领学生掌握最前沿的理论知识和实践技能。同时,教学目标还要具有可检测性,设置明确的评价指标和考核标准,以便于教学资源的评估和改进。

### (二)学生需求适应原则

具体来说,学生需求适应性原则要求教学资源开发者深入分析学生群体的特

征，了解其知识结构、技能水平和学习偏好。在此基础上，有针对性地设计多样化的学习内容和活动，提供个性化的学习支持。例如，对于基础薄弱的学生，教学资源可以提供更多的基础知识讲解和练习，帮助其夯实学科基础；而对于学有余力的学生，则可以设计一些拓展性的学习任务，激发其探究欲望，挖掘其学习潜力。

此外，学生需求适应性原则还要求教学资源体现一定的弹性和开放性，为不同学习风格的学生提供多元化的学习路径。有的学生喜欢独立思考，有的学生善于合作探究，有的学生偏好动手实践……教学资源要能灵活适应这些差异，让学生能够根据自己的特点选择适合的学习方式。例如，在资源中既要有文本、图片等静态呈现方式，也要有视频、动画等动态展示手段；既要有独立完成的任务，也要有小组协作的项目；既要有理论探讨的机会，也要有实践操作的平台。唯有如此，才能最大限度地调动不同学生的学习积极性，让每一位学生都能找到适合自己的“学习坐标”。

从认知科学的角度来看，学生需求适应性原则符合学习者认知发展的规律。著名教育心理学家皮亚杰指出，学习是一个主动建构知识的过程，学生是根据自己原有的认知结构来同化和吸收新知识的。可见，教学资源必须与学生已有的知识经验和思维方式相契合，在学生的“最近发展区”内提供适度的挑战，方能推动其认知结构的优化重组，实现知识的内化和迁移。换言之，脱离学生实际需求和认知特点的教学资源，即便设计得再精良，也难以真正促进学生的发展。

### （三）技术支持性原则

从课程设计的角度来看，利用信息技术可以使水利类专业课程内容更加丰富多元。教师可以利用网络资源，将最新的行业动态、前沿技术引入课堂，拓宽学生视野。同时，借助虚拟仿真、增强现实等技术，可以为学生创设逼真的工程情境，让其在实践中掌握专业知识和技能。这种沉浸式、交互式的学习方式，不仅能激发学生的兴趣，更能促进知识的内化和迁移。

从教学组织的角度来看，运用信息技术可以实现教学方式的灵活多样。传统的水利类专业教学多以课堂讲授为主，学生被动接受知识。而在信息化环境下，教师可以利用慕课、微课等形式，实现优质教育资源的共享。学生可以根据自己的学习节奏，随时随地进行自主学习。同时，师生、生生之间也可以通过网络平台进行即时互动、协作探究，打破时空限制，提高教学效率。

从实践教学的角度来看，信息技术为水利类专业实验实训提供了有力支撑。传统的实验设备价格昂贵、更新缓慢，难以满足学生的实践需求。而利用虚拟仿真技术，可以构建高度逼真的实验环境，学生可以反复操作、探索，从而加深对理论知识的理解。同时，大数据分析可以为实验教学提供精准的指导，通过采集、分析学生的实验数据，发现其知识掌握的薄弱环节，从而有针对性地进行教学干预。

从学习评价的角度来看，信息技术可以实现全过程、多维度的考核。传统的期末考试难以全面评价学生的学习效果，而利用大数据技术，可以记录学生学习过程中的各项数据，包括学习时长、互动情况、作业完成度等，从而客观、动态地评估其学习表现。同时，学生还可以利用网络平台进行自我测评、同伴互评，多角度地审视自己的学习效果，找出不足，及时改进。

## 三、水利类专业信息化教学资源的开发流程

### （一）项目启动与需求分析

在明确开发目标的基础上，开发团队还需要科学划定资源开发的范围。水利类专业涵盖水文水资源、水利工程、港口航道与海岸工程等多个二级学科，课程体系庞大，知识点繁多。面对如此广阔的学科领域，开发团队必须根据教学实际和资源建设的迫切程度，合理确定资源开发的重点领域和主要内容。一般而言，基础课程、核心专业课程以及实践性教学环节应作为信息化教学资源开发的优先方向。

与此同时，开发团队还应全面考虑资源开发的技术路线和实现方式。随着现代信息技术的飞速发展，虚拟仿真、人工智能、大数据等先进技术为教学资源开发提供了广阔空间。开发团队应紧跟时代步伐，主动学习和应用先进技术，不断创新资源呈现的方式和手段。例如，可以利用虚拟现实技术开发沉浸式的水利工程案例教学资源，利用人工智能技术开发自适应的学习评价系统，利用大数据技术优化资源推送的精准度。唯有如此，才能研制出高质量、智能化的信息化教学资源，满足新时代水利类专业人才培养的需求。

需求分析阶段还应重视对现有教学资源的梳理和评估。通过系统盘点已有资源的类型、数量和质量，开发团队可以准确判断资源建设中的薄弱环节，有针对性地制订开发计划。同时，对标国内外一流水利院校的资源建设情况，开发团队可以找准自身的差距所在，明确奋斗目标和前进方向。只有立足现状、放眼未来，开发团队才能真正把握水利类专业信息化教学资源建设的发展规律，推动教学资源的持续优化和迭代更新。

## (二)设计与开发

内容编排是信息化教学资源开发的核心环节,它直接决定了教学内容的科学性、适用性和吸引力。在进行内容编排时,开发者应深入分析教学目标和学情特点,遵循教育教学规律,合理确定教学内容的广度和深度。同时,还要注重教学内容的逻辑性和系统性,使不同知识点之间形成有机联系,构建起完整的知识架构。内容编排还应体现时代性和前瞻性,及时吸收学科前沿动态,引入与水利行业发展密切相关的新技术、新方法和新案例,提升教学内容的应用价值和实践针对性。

在内容呈现方式上,开发者要充分发挥信息技术优势,突破传统教材的时空限制,为学生提供丰富多元、生动直观的学习体验。例如,开发者可以运用多媒体技术,将抽象的水利原理和过程通过动画、视频等形式直观展现;利用虚拟现实技术,构建栩栩如生的水利工程情境,让学生身临其境地感受专业魅力;整合优质网络资源,为学生提供拓展性学习的平台和素材。总之,内容编排要坚持以学生发展为中心,激发学生的学习兴趣,培养学生的创新意识和实践能力。

技术实现是信息化教学资源开发的支撑和保障,涉及信息化教学资源的存储、管理、发布和应用等诸多环节。在技术实现过程中,开发者应坚持以需求为导向,根据教学内容和学科特点,选择适切的技术手段和平台工具。同时,开发者还要注重系统规划和顶层设计,统筹考虑软硬件环境、技术标准、知识产权等因素,确保信息化教学资源的兼容性、互操作性和可持续性。技术实现还要体现以人为本的理念,充分考虑教师和学生的信息化应用能力,优化人机交互设计,提供友好易用的操作界面和使用说明,降低信息化教学资源的使用门槛,提升教学应用效果。

## (三)测试与修正

内容的准确性是测试的首要目标。信息化教学资源中涉及大量的专业知识、概念、原理和数据,这些内容必须经过严格审核和校验,确保其准确无误。通过多轮测试与修正,可以及时发现并纠正资源中存在的错误、歧义或不当表述,使资源内容更加严谨、规范。

资源的功能性和交互性也需要经过充分测试。水利类专业信息化教学资源通常包含多种多媒体元素,如文本、图像、音视频、动画等,这些元素的展示和交互效果直接影响着学习体验。测试过程中,要全面检验各项功能的完整性、流畅性和友好性，优化人机交互设计，提升资源的可用性和吸引力。

资源的兼容性和稳定性同样至关重要。信息化教学资源需要在不同的硬件设备、操作系统和浏览器环境下运行，因此必须进行全面的兼容性测试，确保资源能够跨平台、跨设备顺畅使用。同时，还要对资源的稳定性进行压力测试，模拟大规模并发访问等极端情况，提高系统的鲁棒性和可靠性。

在测试过程中发现问题后，及时修正和优化是保证资源质量的关键。开发团队要高度重视测试反馈，深入分析问题产生的原因，制定切实可行的修正方案。通过多轮迭代优化，不断完善资源的内容、功能和性能，使其更加符合教学需求和用户期望。

此外，用户体验也是测试与修正的重点内容。在资源开发后期，可以邀请教师和学生代表参与体验测试，广泛收集他们对资源的使用反馈和改进建议。基于用户视角的评估，有助于开发团队及时调整资源设计，提升资源的针对性和实用性。

## 四、水利类专业信息化教学资源的质量评估标准

### （一）内容质量评估

准确性要求教学资源所呈现的概念、原理、数据等内容必须符合学科发展的客观事实，不能存在错误或误导性表述。这就需要资源开发者具备扎实的理论功底和实践经验，能够准确把握学科前沿动态，及时更新知识体系。同时，资源内容还应全面系统，需能构成完整的知识架构和逻辑体系，避免出现片面性或碎片化倾向。只有系统化的资源，才能帮助学习者形成结构化的认知图式，深化其对知识的理解和掌握。

此外，教学资源还必须与时俱进，紧跟学科发展步伐，体现时代性和前瞻性。水利学科理论与实践都在不断更新和发展，新技术、新工艺、新设备层出不穷。教学资源若无法把握时代发展脉搏，停留在陈旧过时的层面，势必影响人才的培养质量。因此，资源开发者应积极关注行业动态，把握技术发展趋势，将前沿的理念、知识和技能及时纳入教学内容，使学生所学与业内需求紧密对接。唯有如此，才能彰显教学资源的应用价值和育人功能。

评估教学资源内容质量，需要构建科学的评估指标体系。一般而言，资源的准确性可通过同行专家评审来把控，邀请权威学者对资源内容进行严格审核和把

关。系统性评估可借助知识图谱等工具，考察资源内容的完整性、条理性和关联性。时效性评估则要求资源开发者密切跟踪学科发展前沿，适时更新资源，并邀请业内专家对其前瞻性、创新性给出评判。只有综合运用定性与定量评估手段，才能较为全面地考察资源内容的质量。

## （二）技术质量评估

### 1.兼容性

理想的教学资源应当具有广泛的适用性，能够在各种主流操作系统、浏览器、移动设备上正常显示和运行，最大限度地覆盖教学和学习的多元化需要。这就要求在资源开发时，严格遵循通用的技术标准和规范，采用成熟稳定的编程语言、数据格式和交互协议，并通过多平台的兼容性测试，及时发现和修复潜在的兼容性问题。只有兼容性达标的教学资源，才能真正便捷师生的教与学，拓展资源应用的广度和深度。

### 2.稳定性

教学资源在实际应用中可能面临海量用户的并发访问、长时间的连续运行等挑战。因此，必须确保资源的稳定性，在服务器、网络、数据库等基础设施层面做好容量规划和性能优化，合理设置并发访问的阈值，完善异常处理和容错机制，最大限度地减少因资源崩溃、访问中断而导致的教学活动受阻等问题。同时，还应建立健全的监控和预警机制，实时监测资源的运行状态，及时发现和处置潜在的稳定性隐患，保障教学活动的连续性和流畅性。

### 3.安全性

教学资源往往承载着师生的重要数据和隐私信息，一旦发生泄露或破坏，将造成难以挽回的损失。为此，必须将资源安全作为技术质量评估的重中之重，全面评估资源在身份认证、访问控制、数据加密、病毒防护等方面的安全措施是否完备、有效，并参考信息安全领域的最新标准和实践，对资源的安全机制进行持续的优化和升级。只有筑牢安全防线，才能最大限度地保护教学资源和用户数据，营造安全可靠的教学环境。

### (三)教学效果评估

从学习体验的角度来看,教学效果评估应该关注学生在使用信息化教学资源过程中的感受和收获。这就要求评估者深入教学一线,通过问卷调查、访谈等方式,了解学生对教学资源的满意度、接受度和获得感。例如,评估者可以设计一些开放性问题,邀请学生谈谈使用教学资源后的心得体会,分享学习过程中的困惑和建议。又如,评估者可以对学生的学习行为进行跟踪观察,分析其在线学习时长、互动频率、完成质量等数据,以判断教学资源的吸引力和有效性。通过学习体验评估,开发者能够及时发现资源设计的不足,并有针对性地进行调整和优化。

从教学反馈的角度来看,教学效果评估应该重视一线教师的意见和建议。作为教学资源的直接使用者,教师对资源的针对性、实用性有着最为直观的感受。因此,评估者应该与授课教师保持密切沟通,定期召开教学研讨会,认真听取他们对资源的评价和反馈。例如,教师可能会提出某些知识点讲解不够清晰、某些实践环节设计不够合理等意见,评估者要认真记录、仔细分析,并及时反馈给资源开发团队。又如,教师可能会分享一些利用信息化教学资源开展教学的成功经验,这些宝贵的一手资料也应该纳入评估范围,用以指导后续的资源建设和应用推广。

# 第三节　水利类专业信息化教学模式的实施

## 一、水利类专业信息化教学工具的选择与应用

### (一)教学工具的选择标准

1. 适用性

适用性是指教学工具能够满足水利类专业教学的特定需求。水利工程学科具有理论与实践紧密结合、强调工程应用能力培养的特点。因此,所选择的教学工具应能够支持理论知识的传授,同时还要为学生提供足够的实践操作机会,培养其动手能力和工程素养。例如,虚拟仿真实验平台能够让学生在虚拟环境中进行水利工程设计、施工、运维等实践训练,极大地提高了教学的针对性和实效性。

2.易用性

易用性是指教学工具能够方便教师和学生使用，降低其学习和操作难度。一方面，教学工具的界面设计应简洁明了，功能布局应合理，使用流程应清晰，便于教师快速上手，减轻其教学负担。另一方面，教学工具还应具有较强的容错性和帮助功能，能够引导学生正确使用，提供必要的提示和反馈，减少学生在使用过程中的挫折感。例如，一些在线学习平台会提供新手引导、操作演示等功能，帮助学生快速熟悉平台的使用方法，提高其自主学习效率。

3.互动性

互动性是指教学工具能够支持教师与学生、学生与学生之间的双向交流和互动。在信息化教学模式下，师生互动和生生互动对于激发学生学习兴趣、促进知识内化具有重要作用。因此，所选择的教学工具应能提供多样化的互动方式，如在线讨论区、协作编辑工具、即时通信工具等，为师生互动创造便利条件。同时，教学工具还应支持个性化学习，能够根据学生的学习行为和学习需求，提供个性化的学习资源和学习路径，以实现因材施教。

### （二）常见信息化教学工具及其特点

多媒体教学是目前应用最为广泛的信息化教学工具之一。它利用计算机技术，将文字、图像、声音、视频等多种媒体信息有机结合，创设生动形象的教学情境，激发学生的学习兴趣。在水利类专业教学中，多媒体技术可以直观地展示水利工程结构、水文过程、水资源分布等抽象复杂的内容，帮助学生理解和掌握专业知识。同时，多媒体教学还能促进师生互动，提高课堂教学效率。

模拟仿真软件是另一类重要的信息化教学工具。它通过数学模型和计算机程序，模拟真实的工程场景和过程，让学生在虚拟环境中进行实践操作。对于那些大型、昂贵或危险的水利工程，学生难以通过实地考察或实验来学习，模拟仿真技术就显得尤为重要。例如，大坝溃决模拟系统可以逼真地再现溃坝时洪水的演进过程，使学生深刻认识溃坝灾害的危害性和防控措施的重要性。

近年来虚拟现实（VR）和增强现实（AR）技术也开始应用于水利类专业教学。这些沉浸式的交互技术不仅能够营造身临其境的学习体验，还能够提高学生的学习兴趣和参与度。例如，利用 VR 技术构建虚拟的水利工程现场，学生可以 360

度全方位观察工程结构，了解施工过程，加深对专业知识的理解和运用。而AR技术则将虚拟信息叠加到现实场景中，在现实水利工程中实时标注设备参数、水流信息等，为现场教学提供了有力支持。

在线学习平台和移动学习App也是信息化教学不可或缺的工具。它们打破了时空限制，为学生提供了随时随地学习的机会。学生可以通过平台或App访问丰富的教学资源，在线完成作业，参与讨论和协作，实现自主学习和个性化学习。对于水利类专业的实践性教学，在线学习平台还可以提供虚拟仿真实验、远程实时监控等功能，以弥补实体实验的不足。

### （三）评估与选择信息化教学工具的策略

在评估和选择信息化教学工具时，首先，教师要明确教学目标和内容，深入分析不同工具在实现目标过程中的优势和局限。例如，在讲授水利工程设计原理时，三维建模软件能够直观展示工程结构，而虚拟仿真系统则可模拟工程的运行状态。教师需要权衡二者的针对性和实效性，结合教学重点合理搭配。其次，教师还应考查工具的易用性和互动性。优秀的教学工具应具备清晰的界面布局、简明的操作流程，既能降低学生的认知负荷，又可激发其探索兴趣。再次，工具还应支持师生、生生之间的多向互动，营造积极、活跃的课堂氛围。最后，教师需要评估工具的可扩展性和兼容性。随着学科知识的更新迭代，教学工具也应便于拓展功能、兼容新型资源，从而持续满足教学需求。这就要求教师具备一定的技术视野，前瞻性地选择体系开放、接口规范的工具产品。

选择教学工具既要立足当下，更要放眼未来。教师应积极了解信息技术和教育理念的最新进展，探索前沿工具和创新方法在水利类专业教学中的应用潜力。例如，人工智能技术的快速发展为开展个性化教学、精准教学提供了新的可能。教师可以选用智能推荐系统，根据学生的学情和需求推送匹配的学习资源；利用虚拟助教，为学生提供全天候的答疑指导；通过学习分析工具，掌握学生的知识掌握情况，有的放矢地改进教学策略。这些新技术、新工具的应用，将为水利类专业教育注入新的活力。

此外，工具的选择还需注重经济性和安全性。高昂的价格和频繁的故障会影响工具的实际应用效果。教师应在保证教学需求的基础上，优先考虑性价比高、稳定性好的成熟产品，必要时可与企业合作进行定制开发。在使用过程中，教师还要加强信息安全意识，做好学生隐私保护，避免敏感数据泄露。

## 二、水利类专业信息化教学过程的组织与管理

### (一)教学过程的规划与组织

在教学过程规划中,应充分考虑学情分析、教学内容选择、教学策略运用等诸多要素。通过对学生认知特点、知识基础的系统分析,教师可以更加精准地把握教学的起点,合理设定教学目标。在此基础上,教师还需根据水利类专业的学科特点和人才培养要求,甄选教学内容,突出重点、难点,科学搭建知识框架。与此同时,教师应积极探索信息化教学模式,运用慕课、微课、虚拟仿真等手段拓展教学时空,为学生提供丰富多元的学习资源和体验。通过线上线下相结合、课内课外相衔接的方式,构建开放、灵活、个性化的教学流程,充分调动学生学习的主动性和创造性。

当然,科学完善的教学过程离不开合理有序的教学组织。在信息化环境下,教师应积极利用教学管理平台,实现教学活动的精细化管理和实时监控。通过制定详细的教学日历,教师可以合理安排教学进度,协调各教学环节的衔接。同时,借助在线学习数据分析功能,教师能够随时掌握学生的学习状态,及时发现并解决教学中存在的问题。此外,教师还应注重营造民主、平等、互助的课堂氛围,引导学生积极参与教学互动,推动生生、师生间的交流合作。只有形成教学相长、良性互动的师生共同体,才能真正实现教学效果的最优化。

信息技术与教育教学的深度融合,为水利类专业教学过程设计提供了广阔的创新空间。然而,我们必须清醒地认识到,技术始终只是教学的手段和载体,其应用成效最终取决于教师的教学设计能力和组织管理水平。因此,广大水利教育工作者应加强信息化教学理念的更新,不断提升信息技术素养,在实践中探索教学新模式、新路径。唯有不断反思和革新,才能真正实现信息技术与教学过程的良性互动,不断提升人才培养质量,推动水利类专业教育的创新发展。

### (二)在线与线下相结合的教学模式

构建在线与线下相结合的教学模式,首先要精心设计在线学习资源。教师应根据教学目标和学情分析,开发系列微课、慕课等在线课程,为学生提供丰富多样、适合自主学习的数字化资源。这些资源应涵盖水利专业的基础理论知识、工程案例分析、前沿技术介绍等内容,并以视频、动画、虚拟仿真等形式呈现,增强学

习材料的直观性和吸引力。同时，在线学习平台还应设置讨论区、答疑区等具备交互功能的模块，鼓励学生在线交流、协作，共同构建知识体系。

在线学习环节为课堂教学作好铺垫，而线下教学则是深化知识理解、提升实践能力的关键环节。教师应根据学生在线学习的效果，有针对性地开展面授活动。例如，可以组织学生开展项目研究，引导其运用所学知识解决水利工程中的实际问题；又如，可以开展案例教学，选取具有代表性的水利工程项目，带领学生进行现场考察、方案设计、施工模拟等实践活动。在这一过程中，教师不仅要传授专业知识，更要注重培养学生的工程思维、创新意识和团队合作能力。

此外，构建有效的在线与线下学习评价体系也至关重要。评价不应局限于期末考试，而应贯穿于教学的全过程。教师可以利用在线平台记录学生的学习行为数据，如视频观看时长、习题完成情况、讨论参与度等，据此分析学生的学习进展和知识掌握水平。线下教学则应注重对学生实践能力的考核，可采取项目报告、作品展示、现场操作等多元化形式。同时，学生在线上线下的表现也应纳入综合评价，促进其全面发展。

### （三）教学互动与学生参与度提升策略

在水利类专业信息化教学中，利用多样化的信息技术手段，可以创设生动有趣、贴近学生生活的教学情境，引导学生积极思考、主动参与。例如，教师可以利用多媒体技术播放与教学内容相关的视频资料，通过形象直观的画面来吸引学生的注意力，激发其探究欲望。再如，教师可以利用虚拟仿真技术构建逼真的工程场景，让学生在沉浸式体验中加深对专业知识的理解，提高其学习兴趣。

除了利用信息技术创设情境，鼓励学生参与教学互动也是提高参与度的重要策略。教师应充分发挥学生的主体地位，为其提供表达观点、展示才华的平台。在教学过程中，教师可以设计小组讨论、角色扮演等互动环节，引导学生畅所欲言，碰撞出思想的火花。同时，教师还可以利用在线测试、投票等互动工具，及时了解学生的学习状态，根据反馈信息动态调整教学策略。这种师生之间的双向互动不仅能够活跃课堂气氛，更能增强学生的参与感和获得感。

将信息技术与专业实践紧密结合也是提升学生参与度的有效途径。教师可以利用信息化手段为学生提供实践操作的机会，如远程控制实验设备、在线模拟工程设计等，让学生在动手实践中强化专业技能，提高学习兴趣。同时，教师还可以鼓励学生利用信息技术开展自主探究，如查阅文献资料、开展在线讨论等，培养其独立思考、主动学习的能力。

## 三、水利类专业信息化教学效果的监控与反馈

### (一)教学效果监控指标体系的建立

在知识维度,监控指标需关注学生对水利专业基础理论、前沿技术的掌握程度,以及将理论知识应用于实践的能力。通过对学生作业、测试、实验报告等学习产出的考查,可以动态评估其知识技能的达成情况。

在能力维度,教学效果监控应重点评估学生的工程实践能力、创新创业能力、跨学科交叉融合能力等。这需要构建多元化的评价方式,如项目实践、创新竞赛、学科交叉研讨等,引导学生在真实情境中运用所学,培养其分析问题、解决问题的综合能力。同时,还应关注学生在信息化环境下的学习能力,如信息检索、数据分析、在线交流协作等,以适应信息时代对人才的要求。

在情感态度价值观维度,教学效果监控不能局限于对知识技能的考查,更要关注学生的职业素养、社会责任感、人文情怀等内在品质的培养。通过学习反思日志、同伴互评、师生访谈等形式,可以深入了解学生在学习过程中的收获与感悟,引导其树立正确的价值观和职业操守。

此外,完善的教学效果监控指标体系还应兼顾学生、教师、用人单位等多方主体的评价视角。学生自评有助于其进行自我反思和改进;教师评价可以及时发现教学中的问题并调整策略;用人单位反馈则为教学改革提供了现实依据和方向。多元主体的参与,能够更加全面、客观地评估教学效果,形成良性互动和持续改进的机制。

### (二)应用大数据分析监控教学效果

通过收集和分析海量的教学数据,我们能够从多个维度、多个层面评估教学效果。例如,学习管理系统(LMS)能够详细记录学生的学习行为,包括学习时长、学习进度、学习资源的点击量等,这些数据能够反映学生的学习投入度和学习兴趣。同时,智能教学平台还能够跟踪学生在线练习的完成情况、正确率,诊断学生的知识掌握程度和薄弱环节。对于课堂教学,我们可以利用智能语音识别、表情识别等技术,分析师生互动的频次和质量,评估教师的教学表现和学生的课堂参与度。这些多元化的数据为教学效果监控提供了更加立体、更加动态的视角。

大数据分析不仅能够帮助我们评估总体教学效果，更能够实现精准化、个性化的教学诊断和干预。通过对学生学习行为数据的挖掘，我们能够绘制学生的个人学习画像，了解每个学生的学习特点、知识掌握情况、兴趣爱好等。针对不同学生的特点，教师可以提供个性化的学习资源和指导，实现因材施教。例如，对于学习进度较慢的学生，系统可以自动推送补充学习资料和练习；对于学习兴趣不高的学生，系统可以推荐与其兴趣相关的课程内容，提高学习兴趣。大数据技术使得教学不再是一刀切的统一模式，而是一种动态生成、持续优化的个性化服务。

### （三）反馈机制的构建与运用

具体而言，反馈机制的构建需要注重以下方面。一是建立多元化的信息收集渠道。除传统的课堂提问、作业批改等方式外，教师还可以利用信息技术手段，如在线测验、学习行为分析等，实时跟踪学生的学习进度和效果。二是开发科学的数据分析工具。海量的教学数据需要通过专业的统计分析软件进行处理和挖掘，形成直观、可视化的报告，为教学决策提供依据。三是营造开放、互信的师生关系。教师应该主动征求学生的意见和建议，鼓励学生表达自己的想法，形成平等、良性的互动。只有学生真正参与到教学反馈中来，反馈机制才能发挥实效。

反馈机制的运用需要贯穿教学的全过程。在教学设计阶段，教师应该根据学情分析和教学目标，预设可能出现的问题和应对策略。在教学实施阶段，教师要高度关注学生的反应和表现，及时调整教学内容、方法和进度。在教学评价阶段，教师应该全面总结教学得失，分析反馈数据揭示的问题，制订改进计划。这种基于反馈的动态调整，能够使教学始终处于最优状态，不断适应学生的需求和社会的变化。

反馈机制的效用还体现在促进教学创新和教师专业成长方面。通过反馈，教师能够发现传统教学模式的不足，探索新的教学理念和方法。例如，如果学生反映课堂互动不足，教师就可以尝试引入讨论式、探究式等参与度更高的教学形式。又如，如果数据显示学生的实践能力薄弱，教师就需要加大案例教学、项目教学等应用型课程的比重。这种基于反馈的创新，能够激发教师的教学热情，推动教学质量的持续提升。与此同时，教师通过反思自己的教学表现，分析学生的评价和建议，也能够不断地完善自己的教学理念、知识结构和教学技能，实现专业能力的提升。

## 四、水利类专业信息化教学资源的整合与利用

### (一)教学资源库建立与管理

1. 创建高质量的电子教学资源

这就要求教师根据教学目标和学情特点,精心设计教学内容,优化资源呈现方式。一方面,教师要深入挖掘水利专业知识体系,将学科前沿动态、工程案例、实践经验等融入教学资源之中,使教学内容更加丰富、立体、生动。另一方面,教师要充分运用多媒体技术、虚拟仿真等现代信息技术手段,创设形式多样、感官冲击力强的教学资源,激发学生的学习兴趣。同时,教师还应关注教学资源的适用性和互动性,根据学生的认知特点和学习需求,提供难度梯度合理、互动功能完善的教学资源,实现教学过程的个性化和精准化。

2. 建立完善的资源管理机制

教学资源库的价值不仅在于资源的数量,更在于资源的组织、检索和共享功能的应用。因此,在教学资源库建设过程中,要高度重视资源的分类、编目和检索功能。通过制定科学的资源分类标准,建立规范的元数据描述体系,可以大大提高资源检索的精确度和召回率,方便教师快速、准确地查找到所需资源。同时,还要建立健全的资源更新机制,及时将教学一线的新素材、新案例补充进资源库,保证资源的鲜活性和时效性。此外,鼓励教师之间的资源共享,建立校际、区域乃至国际的资源共享联盟,也是提升资源利用率的有效途径。

3. 实现资源的动态生成和个性化推送

基于大数据分析技术,教学资源库可以智能捕捉学生的学习行为和认知特点,从海量资源中动态提取与学生学习需求高度匹配的资源组合。这种因材施教、精准推送的资源供给方式,不仅能够最大限度地满足学生的个性化需求,提升学习效率,更有利于促进学生自主学习能力的养成。可见,智能化、个性化将成为未来教学资源库建设的重要发展方向。

### (二)跨学科教学资源的整合应用

1.融合多学科知识,构建教学内容体系

水利工程是一项复杂的系统工程,涉及水文、水力、岩土、结构、材料、环境等多个学科领域。这些学科知识之间既有联系又有区别,传统的学科分割式教学难以揭示其内在关联,不利于学生形成系统的知识架构。因此,教师应立足水利工程实践需求,以问题为导向,有机融合多学科知识,重构教学内容。比如,在讲授水利工程规划时,教师可以引入系统论的观点,从流域综合规划的角度分析问题,阐释水资源、水环境、水生态之间的辩证关系,引导学生树立系统思维、全局意识。又如,在讲授水工建筑物时,教师可以融合力学、材料学等相关知识,从结构设计、材料选择、施工工艺等多角度分析问题,加深学生对知识的理解和掌握。

2.开发跨学科教学案例,创设真实情境

教学案例是理论联系实际的桥梁,生动、直观地再现了工程实践情境,有助于激发学生的学习兴趣,培养其分析问题、解决问题的能力。在跨学科教学中,教师应精心设计案例,尽可能覆盖不同学科知识的交叉应用,体现学科融合的价值。同时,教师还应根据教学需要,合理调控案例的难度梯度,设置开放性的任务和问题,引导学生主动思考、积极探究。例如,在水利工程管理课程中,教师可以选取南水北调工程的案例,要求学生从工程地质、水文水资源、生态环境、移民安置等多个角度分析其可行性,提出优化调度方案。在这一过程中,学生不仅要运用所学的专业知识,还要考虑经济、社会、法律等因素的影响,综合权衡利弊,作出科学决策。这种基于真实情境的教学设计,不仅强化了学生跨学科知识的应用能力,更提升了其综合素质和实践能力。

3.借助信息技术手段,建设共享型教学资源平台

当前,慕课、微课、虚拟仿真等信息化教学资源日益丰富,为跨学科教学提供了高质量的内容支撑。教师应积极利用现代信息技术,整合优质教学资源,建设结构合理、动态更新的资源库。在此基础上,还应搭建交流互动平台,促进不同学科教师之间的对话与合作,实现教学资源的跨学科共建共享。例如,在水利信息化课程建设中,教师可以联合计算机、电子等相关专业的教师,引入大数据分析、

人工智能等前沿技术,开发集监测、预警、调度、决策于一体的教学系统。学生通过平台获取丰富的学习资料,开展自主学习和协作探究;教师通过平台实时掌握学情,优化教学策略和内容。这种"教学做"一体化的教学新模式,有助于打破学科壁垒,实现教学资源的创新应用。

### (三)开源与共享教学资源的优势与风险

从教学资源的质量和数量角度来看,开源共享模式具有显著优势。传统的教学资源开发模式往往依赖于少数专家或机构,资源的广度和深度难免受到局限。而在开源共享模式下,众多教育工作者可以根据各自的专长和经验,贡献自己的智慧结晶,形成多元化、多层次的资源库。这种"集众人之所长"的创作方式,不仅能够极大地丰富教学资源的类型和内容,提升资源的专业性和实用性,更能够紧跟学科前沿动态,满足不同教学主体的个性化需求。水利类专业涉及面广、跨学科性强,开源共享的教学资源尤为重要,它可以帮助学生快速了解学科全貌,建立起完整的知识体系。

从教学资源的共建共享角度来看,开源共享模式也彰显出巨大潜力。在这一模式下,优质教学资源不再是少数人的专属,而是成为全社会的共同财富。教师可以充分利用网络平台,与学界同人交流心得,分享资源,优势互补、相互促进。这不仅有利于教学资源的持续优化和迭代更新,也能够加强教学研究,促进教学方法和手段的创新。对于偏远地区或资源匮乏的学校而言,开源共享的教学资源无疑是雪中送炭,它有助于缩小区域、城乡差距,促进教育公平。水利事业关乎国计民生,需要广大教育工作者的通力合作。开源共享的教学资源为这种合作提供了便利,教师可以利用网络平台交流教学心得,分享优秀案例,从而共同推动水利教育事业的发展。

# 参考文献

[1]郝红科.水利工程图识读与绘制[M].北京:中国水利水电出版社,2024.

[2]潘永胆,汤能见,杨艳.水利水电工程导论[M].北京:中国水利水电出版社,2020.

[3]刘俊红,翟国静,孙海梅.给排水工程施工技术[M].北京:中国水利水电出版社,2020.

[4]陈守开.水利工程设计案例式教学[M].郑州:黄河水利出版社,2023.

[5]吕海涛,李大印,吕如瑾.水利水电工程专业教学变化的透视[M].北京:科学出版社,2020.

[6]吴建华,赵喜萍,李爱云,周瑞红,成一雄.智慧水利工程案例库建设及教学实践[M].郑州:黄河水利出版社,2020.

[7]贺芳丁,从容,孙晓明.水利工程设计与建设[M].长春:吉林科学技术出版社,2021.

[8]朱卫东,刘晓芳,孙塘根.水利工程施工与管理.[M].武汉:华中科技大学出版社,2022.

[9]赵平.工程水文与水利计算[M].北京:中国水利水电出版社,2019.

[10]张子贤,王文芬.水利工程经济.[M].北京:中国水利水电出版社,2020.

[11]朱木兰,刘光生.水务工程专业课程设计指导书[M].长春:吉林大学出版社,2019.

[12]赵恩金,姜逢源,卢洪超,陈少庆等.海洋工程流体力学实验指导书[M].武汉:中国地质大学出版社,2023.